U0223732

"十三五"国家重点出版物出版规划项目

材料科学研究与工程技术图书

石墨深加工技术与石墨烯材料系列

石墨烯的制备、结构及应用

THE PREPARATION, STRUCTURE AND APPLICATION OF GRAPHEME

付长璟　编著

王振廷　主审

哈尔滨工业大学出版社

HARBIN INSTITUTE OF TECHNOLOGY PRESS

内 容 提 要

全书内容由 6 章组成,详细介绍了石墨烯的结构与性能,石墨烯的制备方法,石墨烯基杂化材料的制备和功能化,石墨烯生长机理,石墨烯的结构表征方法。重点阐述了石墨烯在电子器件、储能、光催化和医学等领域中的突出应用,并介绍了大量的研究实例和近年来的科研成果。本书内容全面、层次分明。

本书不仅可作为材料学专业高年级本科生和研究生的参考书,还可作为材料科学与工程领域中从事与石墨烯相关的研究人员和生产技术人员的参考书。

图书在版编目(CIP)数据

石墨烯的制备、结构及应用/付长璟编著.—哈尔滨:哈尔滨工业大学出版社,2017.6

ISBN 978 - 7 - 5603 - 5867 - 3

Ⅰ.①石…　Ⅱ.①付…　Ⅲ.①石墨－纳米材料－研究　Ⅳ.①TB383

中国版本图书馆 CIP 数据核字(2016)第 032372 号

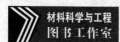

责任编辑　张秀华　杨　桦
封面设计　卞秉利
出版发行　哈尔滨工业大学出版社
社　　址　哈尔滨市南岗区复华四道街 10 号　邮编 150006
传　　真　0451 - 86414749
网　　址　http://hitpress.hit.edu.cn
印　　刷　哈尔滨市石桥印务有限公司
开　　本　787mm×960mm　1/16　印张 14.5　字数 290 千字
版　　次　2017 年 6 月第 1 版　2017 年 6 月第 1 次印刷
书　　号　ISBN 978 - 7 - 5603 - 5867 - 3
定　　价　39.00 元

前　言

石墨新材料本身就是新材料产业的重要组成部分,以石墨烯为代表的石墨新材料的突破性进展将给诸多产业带来重大影响。石墨烯具有良好的电学、力学及热学性能,主要体现为高稳定性、高比表面积、高电导率、良好的导热性、高强度等多种性质,将广泛应用于电化学电容器、锂离子电池、太阳能电池、超级计算机、基因测序、储氢设备、传感器等众多行业,发展前景极其广阔。

本书将通过系统地介绍石墨烯的结构与性能,石墨烯的制备和表征方法,石墨烯基杂化材料的制备与功能化,石墨烯的生长机理等几个方面,以及近年来在石墨烯领域的最新研究成果及其在电子器件、储能和医学等领域的应用,引领读者进入一个全新的石墨烯世界。

作者衷心感谢哈尔滨工业大学出版社各位编辑在本书出版过程中给予的大力支持,感谢王振廷教授在本书编写过程中给予的指导和作本书的主审。在本书编写过程中,作者参阅并引用了多部专著、教程和大量的相关文献,在此对相关专家、作者表示感谢!

本书是在黑龙江省教育厅规划项目——大石墨背景下无机非金属材料专业人才培养模式改革与实践(项目编号:GBC1213105)和黑龙江省高等教育教学改革项目——大工程背景下我省石墨深加工紧缺人才培养模式改革与实践(项目编号:GJZ201301060)的资助下完成的,在此对给予本书资金资助的黑龙江省教育厅表示感谢!

由于作者水平有限,时间仓促,书中定有疏漏和不当之处,敬请读者批评指正。

作者
2016 年 1 月

目　　录

第1章 石墨烯的结构与性能

碳基材料是材料界中一类非常具有魅力的物质,随着材料科学的发展,人类社会的进步,对碳材料的需求呈现出多样化的特点,碳材料的应用遍布于军事、航天和民生的各个领域。碳材料的结构也从无定形的炭黑到晶体结构的天然层状石墨,从零维纳米结构的富勒烯到一维的碳纳米管,无不给人们带来炫丽多彩的科学新思路。在众多碳材料中,碳的同素异形体即具有六角密排平面结构的石墨烯是在 2004 年被发现的,它是真正意义上的准二维碳材料。二维碳基材料石墨烯的发现,不仅极大地丰富了碳材料的家族结构,而且其所具有的特殊纳米结构和性能,使得石墨烯无论是在理论上还是在实验研究方面都展示出重大的科学意义和应用价值,从而为碳基材料的研究提供了新的目标和方向,成为近年来物理学界和材料学界研究的重点和焦点。石墨烯基功能杂化材料的制备和应用也自然成为当前最被关注的研究领域之一。

1.1 石墨烯的概述

石墨烯(Graphene)是由单层碳原子以 sp^2 杂化轨道紧密堆积而成的,是具有二维蜂窝状晶格结构的碳质材料,是只有一个碳原子层厚度的薄膜状材料。在石墨烯被发现以前,理论和实验上都认为完美的二维结构是无法在非绝对零度下稳定存在的,因而石墨烯的问世引起了全世界的关注。从理论上来说,石墨烯并不能算是一个新事物,但它一直被认为是假设性的结构,是无法单独稳定存在的。这样,从理论上对石墨烯特性的预言到实验上的成功制备,大概经历了近 60 年的时间,直到 2004 年,英国曼彻斯特大学物理学家安德烈·海姆(Geim)和康斯坦丁·诺沃肖洛夫(Novoselov)采用特殊的胶带反复剥离高定向热解石墨,成功地从石墨中分离出了石墨烯,从而证实了石墨烯是可以单独稳定存在的,石墨烯才真正被发现。两人也因"在二维石墨烯材料上的开创性实验",共同获得了2010 年的诺贝尔物理学奖。图 1.1 为诺沃肖洛夫使用机械剥离法制备石墨烯的全过程。

早期的理论和实验研究都表明完美的二维结构是不会在自由状态下

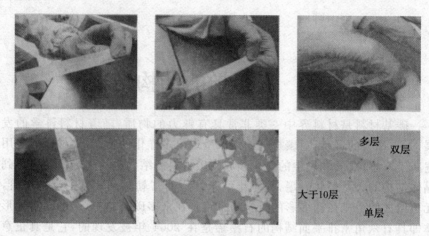

图 1.1　石墨烯的机械剥离过程

存在的,相比其他卷曲结构如石墨颗粒、富勒烯和碳纳米管,石墨烯的结构也并不稳定,那么,为什么石墨烯会从石墨上被成功地剥离出来呢?Mermin-Wagner(梅明-瓦格纳)理论研究表明,二维晶体可以形成一个稳定的三维结构,这与一个无限大的单层石墨烯的存在是相悖的。但是,从实验结果可以推测,有限尺寸的二维石墨烯晶体在一定条件下是可以稳定存在的。事实上,石墨烯是普遍存在于其他碳材料中的,并可以看作是其他维度碳基材料的组成单元,如三维的石墨可以看作是由石墨烯单片经过堆砌而形成的,零维的富勒烯则可看作是由特定石墨烯形状团聚而成的,而石墨烯卷曲后又可形成一维的碳纳米管结构。

　　通过在透射电子显微镜下观察可以发现,悬浮的石墨烯片层上存在大量的波纹状结构,振幅大约为 1 nm。石墨烯通过调整其内部碳-碳键长来适应其自身的热波动,因此,石墨烯无论是独立自由存在的,还是沉积在基底上的,都不是一个完全平整的完美平面,如图 1.2 所示。石墨烯是通过在表面形成皱褶或吸附其他分子来维持其自身的稳定性的,由此可以推断,纳米量级的表面微观粗糙度应该就是二维晶体具有较好稳定性的根本原因。

　　因此,石墨烯结构稳定,内部碳原子之间连接柔韧,在外力的作用下,碳原子层会发生弯曲变形,从而它不需要原子结构的重新排列来适应外力,以保持其结构的稳定性。这种稳定的晶格结构使石墨烯具有优异的导热性(热导率约为 5 000 $W \cdot m^{-1} \cdot K^{-1}$)。另外,石墨烯内部电子在轨道中移动时,不会因晶格缺陷或引入外来原子而发生散射。原子间作用力十分强,在常温下,即使周围碳原子发生碰撞,内部电子受到的干扰也非常小。

　　石墨烯是目前已知导电性能最出色的材料,在室温下,其电子的传递

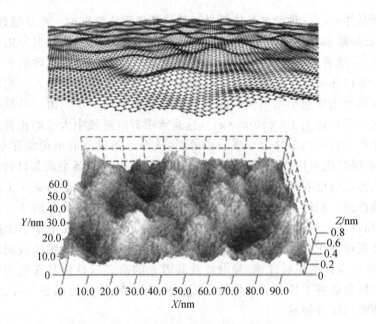

图 1.2 石墨烯表面微观形貌

速度比已知任何导体都快,其电子的运动速度达到了光速的 1/300,远远超过了电子在一般导体中的运动速度。同时,它也是已知材料中最薄的一种,材料非常牢固坚硬,比钻石还要硬,其理想状态下强度比世界上最好的钢铁高 200 倍。石墨烯具有超大的比表面积,理论上高达 2 630 $m^2 \cdot g^{-1}$。此外,石墨烯还具有许多其他优异性能,比如较高的杨氏模量(约为 1 100 GPa),较高的载流子迁移率(2×10^5 $cm^2 \cdot V^{-1} \cdot s^{-1}$)和铁磁性等。石墨烯这些优越的性质及其特殊的二维晶体结构,决定了石墨烯广阔的应用前景。

石墨烯的发现引起了全世界的研究热潮,石墨烯潜在的应用价值也随着研究的不断深入而逐步被挖掘出来。由于石墨烯具有原子尺寸的厚度,优异的电学性质,极其微弱的自旋-轨道耦合性,超精细相互作用的缺失,以及电学性能对外场敏感等特性,使其在纳米电子器件、电池、超级电容器、储氢材料、场发射材料以及超灵敏传感器等领域得到了广泛的应用。

在微电子领域,石墨烯可用来制造具有超高性能的电子产品。由于平面的石墨烯晶片很容易使用常规技术进行加工,这为制造纳米器件提供了超好的灵活性,甚至可能在一层石墨烯单片上直接加工出各种半导体器件和互连线,从而获得具有重大应用价值的全碳集成电路。以石墨烯为原料还可以制备出只有 1 个原子层厚、10 个原子宽,尺寸不到 1 个分子大小的单电子晶体管。这种纳米晶体管具有其他晶体管所没有的一些优越性能，比如，石墨烯具有较高的稳定性，即使被切成 1 nm 宽的元件，其导电性也非常好，且随着晶体管尺寸的减小，其性能反而更好；而且，这种纳米电子晶体管可以在室温下正常工作。石墨烯的这些优越性能使得人们朝着制造可靠的纳米级超小型晶体管的方向迈出了重要的一步。由于石墨烯的理论比表面积达到了 2 630 $m^2 \cdot g^{-1}$，这就意味着电解液中大量的正负离子可以储存于石墨烯单片上形成一个薄层，从而达到极高的电荷储存水平。因此，石墨烯也可以作为超级电容器元件中储存电荷的新型碳基材料。石墨烯作为超级电容器电极材料可以显著提高电力及混合动力交通工具的效率和性能。利用石墨烯还可以制成精确探测单个气体分子的化学传感器，从而提高一些微量气体快速检测的灵敏性，而石墨烯在电子学上的高灵敏性还可用于外加电荷、磁场及机械应力等环境下的敏感性检测。此外，石墨烯良好的机械性能、导电性及其对光的高透过性使其在透明导电薄膜电极和各种柔性电子器件的应用中独具优势，比如液晶显示屏、太阳能电池窗口层等领域。

最近，在 *Nature* 和 *Science* 等期刊中相继报道了石墨烯在常温下的量子霍尔效应。量子霍尔效应（Quantum Hall Effect，QHE）是在低温、高磁场下二维金属电子气体中发现的效应，即纵向电压和横向电流的比值（霍尔常数 $R_H = V/I = h/ve^2$，h/e^2 为量子化电阻率）是量子化的。通常情况下，量子霍尔效应需要在低温下实现，一般低于液氦的沸点。之前观察到材料的量子霍尔效应的温度还没有超过 30 K 的。在石墨烯中，由于石墨烯载流子非比寻常的特性，表现得像无质量的相对论粒子（无质量的迪拉克费米子），并且在周围环境下载流子的迁移伴随着很少的散射，因而，石墨烯的量子霍尔效应可以在室温下被观察到。Geim A K 等人在 300 K 的条件下观察到了石墨烯的量子霍尔效应，除了整数霍尔效应外，由于石墨烯特有的能带结构，也导致了新的电子传导现象的发生，如出现了分数量子霍尔效应（即 v 为分数）。随着研究的不断深入，石墨烯其他奇特的性能也相继被发现，比如石墨烯具有较好的导电性能，然而其边缘的晶体取向却对石墨烯的电性能有着相当重要的影响，锯齿型边缘（zigzag edge）表现出了强的边缘态，而椅型边缘（armchair edge）却没有出现类似的情况。尺寸小于 10 nm，边缘主要是锯齿型的石墨烯片表现出了金属性，而不是先前预期的半导体特性；再比如，在制备石墨烯晶体管时，IBM 公司发现通过叠加两层石墨烯可以明显地降低晶体管的噪声，获得了低噪声的石墨烯晶体管。众所周知，在通常情况下普通的纳米器件随着尺寸的减小，被称作

$1/f$ 的噪声会越来越明显,从而使器件信噪比恶化。这种现象就是"波格规则",石墨烯、碳纳米管以及硅材料都会产生这种现象。这种现象的出现可能是由于两层石墨烯之间形成了强电子结合,从而控制了 $1/f$ 噪声,使得石墨烯晶体元器件的电噪声降低 10 倍。这一发现不仅大幅度地改善了晶体管的性能,而且也有助于制造出比硅晶体管电子传导速度更快、体积更小、能耗更低的石墨烯晶体管。

石墨烯具有这样丰富和奇特的性质,也引发了人们对石墨烯衍生物进行广泛研究的兴趣。比如石墨烯纳米带(grephene nanoribbon),石墨烯的氧化衍生物(graphene oxide),利用加氢过程获得的新材料——石墨烷(graphane),以及具有磁性的石墨烯衍生物(graphone),等等。在这些石墨烯衍生物中又以石墨烯纳米带和氧化石墨烯最受瞩目。石墨烯纳米带被认为是制备纳米电子和自旋电子器件的一种理想的组成材料。根据制备石墨烯碳材料的来源和结构的不同,石墨烯纳米带表现出不同的特性,有些具有半导体性能,有些则表现出金属的性质,从而使石墨烯纳米带成为未来半导体候选材料之一。而氧化石墨烯则由于其特殊的性质和结构,使其成为制备石墨烯和基于石墨烯复合材料的理想前驱体(这部分内容将在后续章节中详细介绍)。此外,在开拓挖掘石墨烯潜在性能和应用方面,基于石墨烯的复合材料也受到了极大的关注,并且这类复合材料已在能量储存、液晶器件、电子器件、生物材料、传感材料、催化剂载体等领域展示出优越的性能和潜在的应用。

由此看来,随着石墨烯的新性能、石墨烯的衍生物、石墨烯基复合材料,以及应用石墨烯的功能器件不断地被挖掘和发现,石墨烯的研究方向越来越丰富,不仅开拓了人们的视野,而且使得基于石墨烯的材料成为一个充满无限魅力和发展可能的研究对象。

1.2 石墨烯的结构

结构上,石墨烯可以看作是单层的石墨片层,厚度只有一个原子尺寸,是由 sp^2 杂化碳原子紧密排列而成的蜂窝状的晶体结构。石墨烯中碳—碳键长约为 0.142 nm,具体结构如图 1.3 所示,每个晶格内有 3 个 σ 键,连接十分牢固,形成了稳定的六边形结构。垂直于晶面方向上的 π 键在石墨烯导电的过程中起到了很大的作用。石墨烯是构建零维富勒烯、一维碳纳米管、三维石墨等其他维数碳材料的基本组成单元。也就是说,石墨烯作为母体,可以分别通过包覆、卷曲和堆垛三种方式,得到零维的富勒烯、一维的碳纳米管和三维的石墨,可以把它看作一个无限大芳香族分子,平面多环芳烃的极限情况就是石墨烯。图 1.4 为石墨烯与富勒烯、碳纳米管和石墨之间空间结构转换示意图。就层数而言,当石墨层堆积层数少于 10 层时,它所表现出的电子结构就明显不同于普通的三维石墨,因此将 10 层以下的石墨材料广泛统称为石墨烯材料。

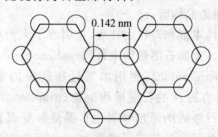

图 1.3　石墨烯的碳六边形结构

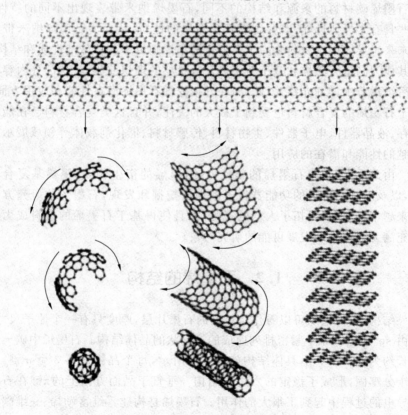

图 1.4　石墨烯及其同素异性体

　　形象地说,石墨烯是由单层碳原子紧密堆积而成的二维蜂窝状的晶格结构,看上去就像是一张六边形网格构成的平面,如图 1.5 所示。在单层石墨烯中,每个碳原子通过 sp^2 杂化与周围碳原子成键构成正六边形,每一个六边形单元实际上类似一个苯环,每个碳原子都贡献出一个未成键电子。单层石墨烯厚度仅为 0.35 nm,约为头发丝直径的二十万分之一。石墨烯主要分为单层石墨烯和多层石墨烯。单层石墨烯是由单原子层构成的二维晶体结构,其中碳原子以六元苯环的形式周期性排列。每个碳原子通过 σ 键与临近的三个碳原子相连,键长为 0.142 nm,1 nm^2 石墨烯平均含有 38 个碳原子,单层石墨烯中的 s,p_x 和 p_y 三个杂化轨道可以形成很强的共价键合,组成 sp^2 杂化结构,赋予了石墨烯极高的力学性能,剩余的 p_z 轨道上的 π 电子则在与片层垂直的方向形成 π 轨道,π 电子可以在晶体平面内自由移动,使得石墨烯具有良好的导电性。但是单层石墨烯的 π 电子由于不受石墨中其他层电子的影响,会发生弛豫现象,所以一般得到的石墨烯厚度会比理论值(0.335 nm)偏大。

图 1.5　sp^2 碳杂化的六方网格结构

　　多层石墨烯是由两层及两层以上的石墨烯片层构成。尽管对于多少层的片层算是石墨烯至今仍没有定论,但石墨烯的特性已经被大量的实验和理论研究所证实。严格地讲 10 层以下才可以称为石墨烯,当片层数量更多时,石墨片层间电子与轨道产生交互作用,使其性质趋向于石墨。完美的石墨烯是不存在的,不论单层还是多层石墨烯都不是绝对的二维平面,而在边缘、晶界、晶格处缺陷等问题的存在也影响其物理及化学性能。不论是单层石墨烯还是多层石墨烯,其独特的结构和优异的性能都将为碳材料的发展带来新的突破。

　　尽管二维晶体在热学上是不稳定的,发散的热学波动起伏破坏了石墨烯长程有序结构,并且导致其在较低温度下即发生晶体结构的融解。透射电子显微镜观察及电子衍射分析也表明,单层石墨烯并不是完全平整的,而是呈现出本征的微观的不平整,在平面方向发生角度弯曲。扫描隧道显微镜观察表明,纳米级别的褶皱出现在单层石墨烯表面及边缘,这种褶皱起伏表现在垂直方向发生±0.5 nm 的变化,而在侧边的变化超过 10 nm。这种三维方向的起伏变化可以导致静电的产生,从而使得石墨烯在宏观上易于聚集,很难以单片层存在。

但是,石墨烯的结构非常稳定,碳原子之间的连接极其柔韧。受到外力时,碳原子层发生弯曲变形,使碳原子不必重新排列来适应外力,从而保证了自身的结构稳定性。石墨烯是有限结构,能够以纳米级条带的形式存在。纳米条带中电荷在横向移动时会在中性点附近产生一个能量势垒,势垒随条带宽度的减小而增大。因此,通过控制石墨烯条带的宽度便可以进一步得到需要的势垒。这一特性是开发以石墨烯为基础的电子器件的基础。

此外,在结构上,石墨烯可以和碳纳米管进行类比,例如单壁碳纳米管按手性可分为锯齿型、扶手椅型和手性型;石墨烯根据边缘碳链的不同也可分为锯齿型和扶手椅型,如图 1.6 所示。锯齿型(zigzag)和扶手椅型(armchair)的石墨烯纳米条带呈现出不同的电子传输特性。锯齿型石墨烯条带通常为金属型;而扶手椅型石墨烯条带则可能为金属型或半导体型。

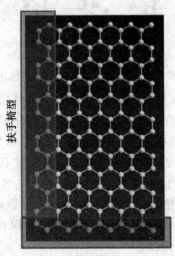

图 1.6　石墨烯纳米带

1.3 石墨烯的基本性能

晶体材料按照其结构的延展性可以分为零维、一维、二维和三维材料。大部分常见的金属、半导体材料,例如铜、金刚石等是典型的三维材料。薄膜材料因其在厚度方向的尺度远远小于其在膜面内方向的尺度,因此具有准二维的结构特征。

材料的几何维度对其性能,特别是电子结构状态有着决定性的影响,图1.7所示为各种低维材料典型的电子态密度。

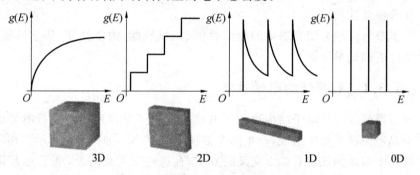

图 1.7 低维材料典型的电子态密度

三维块体材料的电子态密度为

$$g_{3D} = \frac{1}{2\pi^2}\left(\frac{2m}{\hbar}\right)^{3/2}E^{1/2} \tag{1.1}$$

由图1.7可以看出,在三维材料中,电子态密度随着能量的提高以抛物线的形式升高。而在二维材料中电子态密度为阶跃函数,即

$$g_{2D} = \frac{m}{\pi\hbar^2}\sum_i H(E-E_i) \tag{1.2}$$

在一维材料和零维材料中,电子态密度分别为

$$g_{1D} = \frac{1}{\pi}\left(\frac{2m}{\hbar^2}\right)^{1/2}\sum_i\left(\frac{n_i H(E-E_i)}{(E-E_i)^{1/2}}\right) \tag{1.3}$$

$$g_{0D} = \sum_i 2\delta(E-E_i) \tag{1.4}$$

电子结构与材料维度的这种相关性使得低维度纳米材料的研究具有重要的应用价值,特别是对量子电子器件。对于二维石墨烯材料来说,可以进一步通过结构的裁剪形成准一维的纳米条带或者准零维的纳米岛等结构。

此外,低维度纳米材料还具有特殊的力学性能和输运性质。例如,在石墨烯和碳纳米管中，热涨落导致它们的结构在环境温度下产生较大的弯曲变形，对其中的电荷分布和输运等都有重要影响。

如前所述，石墨烯独特的准二维平面结构赋予它诸多优良的物理化学性质，如石墨烯的抗拉强度达 130 GPa（为钢的 100 多倍），为已测知材料中最高的；其载流子迁移率达 1.5×10^4 cm$^2 \cdot$V$^{-1} \cdot$s^{-1}，相当于目前已知的具有最高载流子迁移率的锑化铟（InSb）材料的 2 倍，超过商用硅片的 10 倍；在某些特定的物理条件下（如低温骤冷等），其载流子迁移率甚至可达 2.5×10^5 cm$^2 \cdot$V$^{-1} \cdot \cdot$s^{-1}；石墨烯的热导率为 5×10^3 W$\cdot$m$^{-1} \cdot$K^{-1}，约为金刚石的 3 倍。另外，石墨烯不仅具有室温量子霍尔效应，还具有室温铁磁性等特殊性质。

本节将详细介绍石墨烯的电学性能、机械性能、力学性能、热学性能、磁学性能和光学性能。

1.3.1　石墨烯的电学性能

石墨烯独特的电子结构决定了其优异的电子学性能。组成石墨烯的每个晶胞由两个原子组成，产生两个锥顶点 K 和 K'，如图 1.8 所示。相对应的每个布里渊区均有能带交叉的发生，在这些交叉点附近，电子能 E 取决于波矢量。单层石墨烯的电荷输运可以模仿无质量的相对论性粒子，其蜂窝状结构可以用 2+1 维的迪拉克方程描述。此外，石墨烯是零带隙半导体，具有独特的载流子特性，并具有特殊的线性光谱特征，故单层石墨烯被认为其电子结构与传统的金属和半导体不同，表现出非约束抛物线电子式分散关系。

图 1.8　石墨烯的能带结构

单层石墨烯表现出双极性电场效应，例如，电荷可以在电子和空穴间连续调谐，所以在施加门电压下室温电子迁移率达到 10 000 cm$^2 \cdot$V$^{-1} \cdot$s^{-1}，表现出室温亚微米尺度的弹道传输特性（300 K 下可达 0.3 μm），且受温度和掺杂效应的影响很小。而电子传导速度在石墨烯中比在硅中快达上百倍,这必将带来一场在生物传感器和计算机高速芯片应用上的技术革命。同时石墨烯在低温下具有半整数量子霍尔效应,并通过它的狄拉克点表现出非中断的等距阶梯。石墨烯特有的能带结构使空穴和电子相互分离,导致不规则量子霍尔效应的产生。利用单层石墨烯特有的电性能,由其所构成的微米级的传感器可以探测出 NH_3,CO,H_2O 及 NO_2 在石墨烯表面的吸附。此外,微米级以下石墨烯具有电子自旋和拉莫尔旋进,可以清楚地观察到电子的两级自旋信号,并且自旋弛豫长度不依赖于电流密度。通过在石墨烯上连接两个电极,还可以观察到有超电流经过,证明了石墨烯具有超导特性。

石墨烯晶格具有六方对称性。碳有四个价电子,其中在石墨烯面内,每个碳原子通过 sp^2 杂化与相邻的三个碳原子形成共价键,而另外有一个 p_z 轨道电子形成离域π键。图 1.9 为石墨烯的二维晶体元胞结构。石墨烯是典型的零带隙半金属材料。

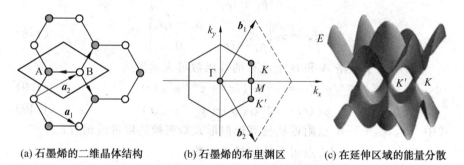

(a)石墨烯的二维晶体结构　　(b)石墨烯的布里渊区　　(c)在延伸区域的能量分散

图 1.9　石墨烯的二维晶体元胞结构

正如通常块体材料存在表面态一样,具有有限尺度的石墨烯纳米结构也具有特别的边缘电子态。例如,纳米宽度的石墨烯条带(准-维)和各种形状石墨烯岛(准零维),与石墨烯晶体的零带隙的半金属态不同,在石墨烯条带中,由于在条带方向的周期性及其垂直方向有限宽度的量子化限制,电子态具有依赖于其宽度 $\overline{w}$ 和边缘形状的性质。

20 世纪 90 年代中期,日本科学家对此问题做了较为系统的研究,他们通过紧束缚的电子结构模型研究发现,边缘为锯齿形状的石墨烯纳米条带为金属型,且费米面能级附近的电子态集中于石墨烯的边缘;而在边缘为扶手椅型的石墨烯纳米条带中,电子根据其宽度分别为金属型或者半导体型。

由图 1.10 所示石墨烯纳米条带结构模型可以计算出,对于锯齿型的

纳米石墨烯条带,其矩形原胞的晶格矢量 a_1,a_2 分别为

$$a_1 = a_0(1,0), \quad a_2 = a_0\left(\frac{1}{2}, \frac{\sqrt{3}}{2}\right) \tag{1.5}$$

$$a_0 = \sqrt{3}a = 0.246 \text{ nm}$$

相应的矩形布里渊区单位矢量为

$$b_1 = \frac{4\pi}{a_0\sqrt{3}}\left(\frac{\sqrt{3}}{2}, -\frac{1}{2}\right), \quad b_2 = \frac{4\pi}{a_0\sqrt{3}}(0,1) \tag{1.6}$$

根据 b_1 和 b_2,可知狄拉克点的位置为

$$K = \left(\frac{4\pi}{3a_0}, 0\right) = (K, 0)$$

$$K' = \left(-\frac{4\pi}{3a_0}, 0\right) = (-K, 0)$$

因此,K 和 K' 点附近的哈密顿算符可以分别表达为狄拉克近似形式

$$H_K = \nu_F \begin{bmatrix} 0 & p_x - \mathrm{i}p_y \\ p_x + \mathrm{i}p_y & 0 \end{bmatrix} \tag{1.7}$$

$$H_{K'} = \nu_F \begin{bmatrix} 0 & p_x + \mathrm{i}p_y \\ p_x - \mathrm{i}p_y & 0 \end{bmatrix} \tag{1.8}$$

这样,在子晶格 A 和 B 上电子的波函数可表示为

$$\varphi_A(r) = \mathrm{e}^{\mathrm{i}K \cdot r}\varphi_A(r) + \mathrm{e}^{\mathrm{i}K' \cdot r}\varphi'_A(r) \tag{1.9}$$

$$\varphi_B(r) = \mathrm{e}^{\mathrm{i}K \cdot r}\varphi_A(r) + \mathrm{e}^{\mathrm{i}K' \cdot r}\varphi'_B(r) \tag{1.10}$$

式中 φ_A,φ_B——K 点附近狄拉克近似形式哈密顿的旋量波函数;

φ'_A,φ'_B——K' 点附近的旋量波函数。

假设石墨烯纳米带的边缘沿 x 方向,则周期对称性要求旋量波函数满足

$$\varphi(r) = \mathrm{e}^{\mathrm{i}k_x x}\begin{bmatrix} \varphi_A(y) \\ \varphi_B(y) \end{bmatrix} \tag{1.11}$$

从而得出

$$\varphi_A = \frac{1}{\sqrt{k_x^2 - z^2}}(k_x - \partial_y)\varphi_B \tag{1.12}$$

$$\varphi_B = A\mathrm{e}^{zy} + B\mathrm{e}^{-zy} \tag{1.13}$$

对于边缘为锯齿型,长度为 L 的纳米石墨烯条带,电子旋量波函数需要满足边界条件,即

$$\varphi_A(y = L) = 0, \quad \varphi_B(y = 0) = 0 \tag{1.14}$$

对于 K 点附近的电子态,代入此边界条件可得到 z 所需要满足的特

征值方程,即

$$e^{-2zL} = \frac{k_x - z}{k_x + z} \tag{1.15}$$

对于 K' 点附近的电子态可以通过将 k_x 转换成 $-k_x$ 而得到。式 (1.15) 中 z 的实数解对应着锯齿型石墨烯条带的边缘态,而复数解则对应条带内的受限电子态。

如图 1.10 所示,可以根据石墨烯中碳原子链的条数定义纳米石墨烯条带的宽度。据此定义,图 1.11 给出了 $N_a=20$ 扶手椅型纳米石墨烯条带和 $N_z=20$ 的锯齿型纳米石墨烯条带的能带关系。从图中可以看出扶手椅型纳米石墨烯条带是一个有带隙的半导体,而锯齿型的石墨烯条带是零带隙的金属,且在费米面能级处有局域的边缘态存在。

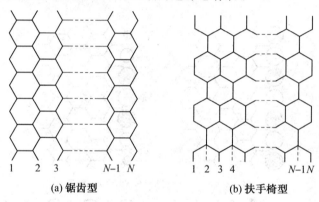

(a) 锯齿型   (b) 扶手椅型

图 1.10 石墨烯纳米条带结构模型

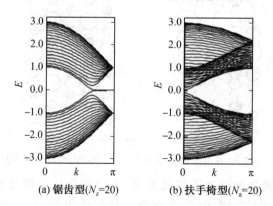

(a) 锯齿型(N_z=20)   (b) 扶手椅型(N_a=20)

图 1.11 锯齿型和扶手椅型石墨烯条带的能带关系

　　由图 1.11 锯齿型石墨烯条带的能带关系中,可以看出,在 $\dfrac{2\pi}{3} < k < \pi$ 时,电子带隙为零,这一平坦的色散关系意味着极大的局域态密度。

　　在锯齿型边缘石墨烯条带中,为了沿周期性方向保持相位差为 e^{ik},电子波函数定义为:$\cdots, e^{ik(n-1)}, e^{ikn}, e^{ik(n+1)}, \cdots$。而为了保持 $E = 0$,从边缘向石墨烯内部电子密度将以 $\cos^{2m}\left(\dfrac{k}{2}\right)$ 的形式衰减,在 $\left|2\cos\left(\dfrac{k}{2}\right)\right| < 1$ 区域将有 $E = 0$,如图 1.12 所示。

　　通过第一性原理计算,进一步发现由于锯齿型石墨烯边缘态的存在,通过施加横向的电场可以破坏其对称性,从而使得该结构仅对一种自旋电子可导。这一发现让石墨烯纳米条带有望成为纳米自旋电子学中的基本组件。

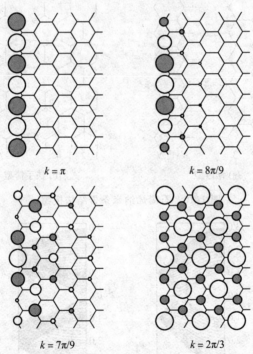

$k = \pi$　　　　　　　　$k = 8\pi/9$

$k = 7\pi/9$　　　　　　　　$k = 2\pi/3$

图 1.12　锯齿型石墨条带边缘态在 $k = \pi, 8\pi/9, 7\pi/9, 2\pi/3$ 时的分布

　　对于扶手椅型的纳米石墨烯条带,类似的分析表明没有边缘态的存在。基于二维点阵和紧束缚模型的计算分析可知,当石墨烯条带宽度 $N = 3p + 2$ 时能隙为零,其中 p 为整数;而对于其他的宽度 N,能隙不为零且与石墨烯条带的宽度相关。进一步的第一性原理计算发现在宽度小

于 2 nm 时,即使对于 $N=3p+2$ 也存在 0.1 eV 量级的能隙。在实际的纳米石墨烯条带样品中,由于边缘可能出现的结构无序、化学修饰等原因,测量得到的能隙都不为零,但是仍然和条带的宽度相关。

由于石墨烯纳米条带的电子特性强烈地依赖于其结构,利用这一特性,通过设计同宽度或者边缘形状纳米石墨烯条带的组合,可以实现纳米电子器件的设计。例如,金属型石墨烯条带与半导体型石墨烯条带可以形成肖特基(Schottky)势垒,而金属型与半导体型石墨条带的“三明治”结构可以形成量子点,且其量子态可通过石墨烯条带的结构进行调控。

1.3.2 石墨烯的机械性能

出色的机械性能使得石墨烯在诸如液晶显示器、太阳能电池等各类柔性电子器件的应用领域中具有独特的优势和极大的潜力。作为已知最薄材料中的一种,石墨烯可达一个碳原子的厚度,并十分坚硬稳固。物理学家 James Hone 小组曾较为全面地研究了石墨烯的机械性能,结果表明:石墨烯每 100 nm 的距离上可承受最大约 2.9 μN 的压力,其硬度比钻石还大,其强度更是比世界上最好的钢铁高约 100 倍。而且石墨烯的杨氏拉伸模量高达 1.01 TPa,强度极限(抗拉强度)为 42 N·m^{-1}。一平方米面积的石墨烯薄片能承受的质量为 4 kg。

1.3.3 石墨烯的力学性能

石墨烯是单原子层的二维晶体,通过原子力显微镜、扫描隧道显微镜等观测表征设备,已经可以看到原子尺度的细节,例如石墨片的取向、边缘的形状、位错、晶界甚至点缺陷等。然而在半个世纪之前,Mermin 和 Wagner 曾证明在有限温度下,二维简谐晶体结构中原子的热涨落位移将会发散,不能稳定地存在。

石墨烯以 sp^2 杂化轨道排列,σ 键赋予石墨烯极高的力学性能,碳纤维及碳纳米管极高的力学性能,正是来自其基本组成单元石墨烯所具有的高强度、高模量的特征。通过实验可以制得独立存在的单层石墨烯,这对于研究石墨烯的本征强度和模量有重要意义。

利用原子力显微镜可以测量单层石墨烯膜的本征弹性模量和断裂强度。其测量过程如下,利用纳米印刷法在硅基板上外延得到具有孔型图案的二氧化硅层,使用光学显微镜找到位于孔洞上方的石墨烯片层,通过原位拉曼光谱得到石墨烯的层数,固定石墨烯后,再利用原子力显微镜的探针对其力学性能进行测量。由于在二维尺度下,缺陷对于本征力学性能影响较小,此法可以得到较为真实的力学性能信息。另外,由于应力-应变反馈曲线超过本征断裂应力,石墨烯表现出非线性弹性反馈,证实了这种非线性特征与三维弹性系数有关。通过这种测量方法可以得到石墨烯的本征强度和弹性模量,分别为 125 GPa 和 1 100 GPa,但是由于宏观材料中缺陷及晶界的存在,其相应的实际强度和弹性模量均有所降低。

近年来的理论和实验研究发现,石墨烯可以稳定地存在于溶液中或者端部的支撑结构上。图 1.13 为单层石墨烯的几种形貌。由图可见,矩形单层石墨烯在没有支撑的情况下,根据其长宽比大小,可以表现为表面带有起伏的二维薄膜、一维类似高分子的长链,以及纳米卷等形貌。

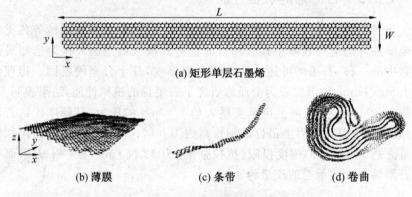

(a) 矩形单层石墨烯

(b) 薄膜　　　　　　(c) 条带　　　　　　(d) 卷曲

图 1.13　单层石墨烯的几种形貌

如图 1.13 所示,有限温度下原子将做随机运动,因为石墨烯面内碳-碳键伸缩刚度较大,而面外的弯曲刚度($k = 0.91$ eV)相对较低,因此,容易观测到由热涨落引起的褶皱。当石墨烯的长宽比($\dfrac{L}{W}$)增大时,沿长度方向的弯曲相对容易,而当该方向产生褶皱后在宽度方向弯曲比较困难,所以表现为类似一维高分子链的形态;当长度进一步增大,超过其持续长度时,即 $L > \dfrac{kW}{k_B T}$,热扰动可使其发生卷曲。石墨烯之间的范德瓦耳斯力相互作用可以保持这种卷曲的局部稳定。

1. 石墨烯的力学性质

如前文所述,石墨烯具有六方对称型晶格结构,因而在线弹性范围内具有各向同性的力学性质。石墨的本构方程为

$$\begin{pmatrix} \sigma_{11} \\ \sigma_{22} \\ \sigma_{33} \\ \sigma_{23} \\ \sigma_{13} \\ \sigma_{12} \end{pmatrix} = \begin{bmatrix} C_{11} & C_{12} & C_{13} & 0 & 0 & 0 \\ C_{12} & C_{11} & C_{13} & 0 & 0 & 0 \\ C_{13} & C_{13} & C_{33} & 0 & 0 & 0 \\ 0 & 0 & 0 & 2C_{44} & 0 & 0 \\ 0 & 0 & 0 & 0 & 2C_{44} & 0 \\ 0 & 0 & 0 & 0 & 0 & C_{11} - C_{12} \end{bmatrix} \begin{pmatrix} \varepsilon_{11} \\ \varepsilon_{22} \\ \varepsilon_{33} \\ \varepsilon_{23} \\ \varepsilon_{13} \\ \varepsilon_{12} \end{pmatrix} \quad (1.16)$$

式中,下标 1 和 2 为石墨烯面内的两个主方向;3 为其法向。实验测量得到的值为

$$C_{11} = 1\,060\ \text{GPa}$$
$$C_{33} = 36.5\ \text{GPa}$$
$$C_{44} = 4\ \text{GPa}$$
$$C_{12} = 180\ \text{GPa}$$
$$C_{13} = 15\ \text{GPa}$$

从弹性矩阵中还可以看出,由于碳原子之间的 sp^2 键极强,石墨烯面内的弹性模量高达 1 TPa 量级。同时,由于石墨具有显著的各向异性,即在石墨烯面内的拉伸弹性模量和面外的弹性模量以及剪切模量相差很大。为了表征这一特点,可以定义材料弹性性质的各向异性程度为

$$\delta(C) = \frac{\parallel C - C_{\text{iso}} \parallel}{\parallel C \parallel} \quad (1.17)$$

式中 C_{iso}——弹性矩阵 C 的各向同性部分,其模定义为

$$\parallel C \parallel = \sqrt{C_{ijkl}C_{ijkl}}$$

根据这一定义,计算得到石墨单晶体的各向异性程度为 0.67,仅次于单壁碳纳米管束块体材料,而远高于其他材料,例如 MoS_2 的各向异性程度为 0.608。

导致如此高各向异性程度的原因是,石墨烯之间的弱相互作用,这一相互作用通常被认为是范德瓦耳斯力相互作用或者 π 电子之间的耦合作用。实验测量得到石墨烯层间的剪切模量为 4 GPa,剪切强度为 0.08 MPa。

当石墨烯受到较大程度的拉伸时,碳-碳键开始显现出非线性,同时其六方对称性被破坏,从而使其失去了各向同性的性质。通过基于 Brenner 分子间相互作用势的分子动力学模拟,可以发现在 300 K 的环境温度下,当沿着石墨晶格的不同方向进行拉伸时,小应变下的杨氏模量值接近。但是根据对称性的不同,沿锯齿型石墨烯边缘方向拉伸时(ZGNR),其最大应变为 0.24,拉伸强度为 98 GPa;扶手椅型石墨烯边缘

方向拉伸时（AGNR），其最大应变为 0.16，拉伸强度为 83 GPa。如果沿中间方向拉伸（CGNR），其最大应变和拉伸强度介于两者之间。具体数据见表 1.1。

表 1.1　纳米石墨烯带在 300 K 下的单向拉伸力学性能

项目	弹性模量/GPa	屈服强度/GPa	极限应变
AGNR($\theta=0$)	720	83	0.16
CGNR($\theta=\pi/12$)	714	85	0.175
ZGNR($\theta=\pi/6$)	710	98	0.24

当石墨片被拉伸时，其中的碳-碳（sp^2）键逐渐伸长直至断裂。根据 Cauchy-Born 法则，即将石墨片作为连续介质整体地变形映射为晶格的仿射变形。由此方法，记石墨烯的泊松比为 ν，并定义碳原子之间成键的最远距离为 $l_{C-C}+\delta l_{C-C}$，则脆性断裂的极限应变为

$$\varepsilon_C = 2\left.\frac{\delta l_{C-C}}{l_{C-C}}\right|_C \left[(1-\nu)+(1+\nu)\cos 2\theta\right]^{-1} \tag{1.18}$$

由式（1.18）可知，当拉伸方向与石墨晶向的角度不一致时，其破坏性能也不一样。根据石墨烯的泊松比 $\nu=0.416$，从式（1.18）中可以得到沿这三个方向拉伸的最大弹性应变为

$$\varepsilon_{c\,AGNR} : \varepsilon_{cCGNR} : \varepsilon_{cZGNR} = 0.65 : 0.71 : 1$$

这与 300 K 温度下分子动力学模拟的结果 0.67：0.74：1 非常接近。

2. 石墨烯边缘的结构与力学性能

如前所述，石墨烯的边缘具有独特的电子结构，特别是锯齿型的边缘会产生局域的金属态。可以分别采用化学气相沉积、催化氢化、碳纳米管解离、扫描隧道显微镜印刷、化学小分子合成等方法来制备具有边缘态的纳米石墨烯条带。

当石墨烯的边缘没有被氢原子等化学官能团饱和时，因为孤立的 sp^2 杂化电子的存在，这种结构的能量密度较高，可以清晰地从扫描隧道显微镜中观测到石墨烯边缘的原子结构。定义石墨烯边缘的能量密度（E_{edge}）为形成单位长度边缘所需要的能量密度。通过第一性原理计算得到锯齿型石墨烯边缘的能量密度（E_{edge}）为 15.33 eV·nm^{-1}，对于扶手椅型石墨烯边缘的能量密度（E_{edge}）为 12.43 eV·nm^{-1}。进一步可根据沿石墨烯边缘方向施加应变 ε 后边缘能量密度的改变为

$$E_{edge}(\varepsilon) = E_{edge}(0) + f\varepsilon \tag{1.19}$$

来定义边缘应力 f。对于锯齿型和扶手椅型石墨烯边缘，相应的边缘应力

分别为$-22.48\ eV\cdot nm^{-1}$和$-26.4\ eV\cdot nm^{-1}$。负的边缘应力表示边缘上的碳-碳键处于压缩状态,这种压缩应力会导致石墨烯的边缘产生波纹状失稳,在有限温度下会导致石墨烯条带产生自发性扭曲。此外,石墨烯的边缘还会发生原子重构,如图1.14所示。锯齿型边缘的石墨烯可以通过五~七边形重构降低边缘能$3.5\ eV\cdot nm^{-1}$。当石墨烯边缘的碳被化学官能团饱和时,其稳定性将提高。例如,在与氢原子结合的条件下,在锯齿型和扶手椅型的石墨烯边缘处应力分别降低至$0.06\ eV\cdot nm^{-1}$和$-0.17\ eV\cdot nm^{-1}$。

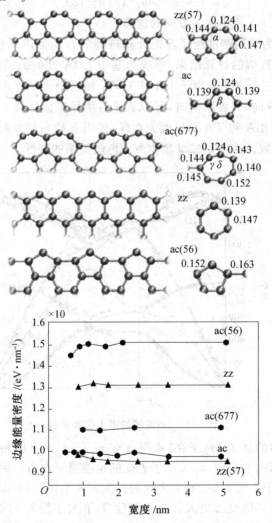

图1.14 石墨烯边缘的原子重构和相应的边缘能量密度

3. 石墨烯的声子结构

石墨烯的声子结构可以通过其久期方程进行求解,即

$$\det\left|\frac{1}{\sqrt{M_s M_t}}\boldsymbol{\varepsilon}_{st}^{\alpha\beta}(q)-\omega^2(q)\right|=0 \tag{1.20}$$

式中　q——波矢;

　　　ω——相应模态的振动角频率。

石墨烯的动力学矩阵 $\boldsymbol{\varepsilon}$ 的表达式为

$$\boldsymbol{\varepsilon}_{st}^{\alpha\beta}(q)=\frac{\partial^2 E}{\partial u_s^{*\alpha}(q)\partial u_t^{\beta}(q)} \tag{1.21}$$

式中　$u_s^{*\alpha}$——s 原子在 α 方向的位移。

图 1.15 为采用密度泛函理论计算得到的石墨烯声子色散关系,实线为基于 GGA 近似的计算结果,虚线为基于 LDA 近似的结果。从图 1.15 中可以看出,三个声学支声子 LA,TA,ZA 和三个光学支声子 LO,TO 和 ZO。L 表示纵向,T 表示横向,而 O 表示石墨烯平面法线方向。在布里渊区中心点附近 LA 和 TA 都近似为直线,即当 k 趋向于 0 时,$\omega\sim k$,LO 和 TO 趋向于常数。这都是二维晶体声子色散关系的特性。

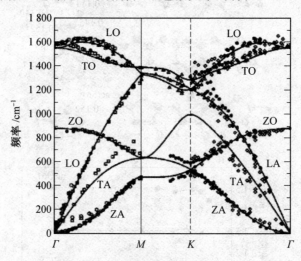

图 1.15　石墨烯的声子色散关系

应该指出的是 ZA 声子在Γ点附近有 $w_{ZA}\sim k^2$。纵向和横向声子分别表示石墨烯面内的变形,而 Z 声子表征的是碳原子在石墨烯平面法向的运动,即弯曲声子。由于 ω_{ZA} 和 k 之间的二次方关系,使得弯曲声子在较低温度下的贡献较其他模态更大。对于温度 T 下大小为 L 的石墨烯,其弯曲声子数为

$$N_{\text{flexural}} = \frac{2\pi}{L_T^2} \ln\left(\frac{L}{L_T}\right) \tag{1.22}$$

$$L_T = \frac{2\pi}{\sqrt{k_B T}} \left(\frac{\kappa}{\rho}\right) \tag{1.23}$$

式中　L_T——特征长度；

　　　κ——石墨烯的弯曲刚度；

　　　ρ——石墨烯的二维质量密度。

根据这一理论预测，当 L 远大于 L_T 时，N_{flexural} 随着 L 的增大而发散，因而同其他的软膜一样，大尺度的石墨烯将会发生前面所提到的皱褶。但是，由于受到在弯曲变形较大时的非线性，弯曲声子与其他声子之间的耦合作用，以及拓扑缺陷或者支撑条件的影响，石墨烯还是可以稳定地存在。

1.3.4　石墨烯的热学性能

低维度纳米碳材料如石墨烯和碳纳米管等，由于它们的弹性常数和平均自由程都非常高，使它们具有较高的热传导率，即 3 000 ～ 6 000 $W \cdot m^{-1} \cdot K^{-1}$。同时，由于它们具有良好的高温稳定性能，可以用作高效的散热材料。

石墨烯中声子 LA，TA 和 ZA 的群速度分别为 19.5 $km \cdot s^{-1}$，12.2 $km \cdot s^{-1}$ 和 1.59 $km \cdot s^{-1}$。通过非接触光学方法测量，得到单层石墨烯的热传导率高达 5 300 $W \cdot m^{-1} \cdot K^{-1}$，这比碳纳米管的热传导率（3 000～3 500 $W \cdot m^{-1} \cdot K^{-1}$）高 1.5 倍以上。如果将石墨烯放置在二氧化硅基底上，热量通过石墨烯和二氧化硅的界面处传递出来，同时石墨烯与基底的相互作用又对声子有所散射，尽管如此，石墨烯的热传导率仍然可达到600 $W \cdot m^{-1} \cdot K^{-1}$。相比之下，工业上广泛使用的散热材料——金属铜的热传导率只有 400 $W \cdot m^{-1} \cdot K^{-1}$。

如前所述，石墨烯中的 ZA 声子，即弯曲声子的频率 ω_{ZA} 与声子波矢量 k 呈平方关系，因而在较低温度下占有主要的贡献。对于石墨烯中的热传导过程，通过求解 Boltzmann 输运方程将各声子对热传导率的贡献进行分解，如图 1.16 所示。从中可以看出在 300 K 的温度下，与 LA 和 TA 声子相比，ZA 声子对石墨烯中的热传导过程起主要贡献，而且由于其频率与 k 之间很强的依赖作用，随着石墨烯长度的增大，其贡献的热导率也随之增大。图 1.16 中还给出了不同频率声子的贡献，LA，TA 和 ZA 在高频下趋向收敛的稳定值分别为 315 $W \cdot m^{-1} \cdot K^{-1}$，520 $W \cdot m^{-1} \cdot K^{-1}$ 和2 600 $W \cdot m^{-1} \cdot K^{-1}$。

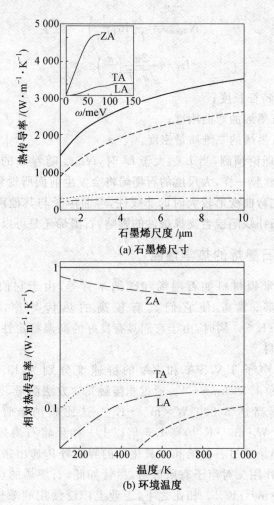

(a) 石墨烯尺寸

(b) 环境温度

图 1.16　各声学声子对热传导率的贡献

对于多层石墨烯或者石墨，由于各层之间低频声子的散射以及 Umklapp 散射过程的改变，其热导率有所降低。通过测量 1～10 层石墨烯的热导率，研究发现当石墨烯层数从 2 层增至 4 层时，其热导率从 2 800 W·m⁻¹·K⁻¹ 降低至 1 300 W·m⁻¹·K⁻¹。对于更多层的石墨烯，其面内热传导性质则与块体石墨非常接近。

同石墨烯中的电子输运类似，石墨烯中的缺陷、边缘的无序性等都会降低石墨烯的热传导率，而通过制备不对称的石墨烯纳米结构则可以实现其热传导的整流控制。

加州大学的研究人员利用激光共焦显微拉曼光谱中 G 峰频率与激光

能量的对应关系,测得硅/二氧化硅基板上的单层石墨烯的室温热传导率。该热传导率为 $(4.84\pm0.44)\times10^3\sim(5.30\pm0.48)\times10^3$ W·m^{-1}·K^{-1},并且单独测量了石墨烯 G 峰的温度系数。该实验所得的石墨烯的热传导率与单壁碳纳米管及多壁碳纳米管相比有明显提高,表明石墨烯作为良好导热材料具有巨大潜力。

1.3.5　石墨烯的磁学性能

由于石墨烯锯齿型边缘拥有孤对电子,从而使得石墨烯具有包括铁磁性及磁开关等潜在的磁性能。研究人员发现具有单氢化及双氢化锯齿状边缘的石墨烯具有铁磁性。使用纳米金刚石转化法得到的石墨烯的泡利顺磁磁化率,或π电子所具有的自旋顺磁磁化率与石墨相比要高 1～2 个数量级。由三维厚度为 3～4 层石墨烯片无定形微区排列所构成的纳米活性碳纤维在不同热处理温度下,显示出 Cuire-Weiss 行为,表明石墨烯的边缘具有局部磁矩。此外,通过对石墨烯不同方向的裁剪及化学改性可以对其磁性能进行调控。研究表明分子在石墨烯表面的物理吸附将改变其磁性能,例如氧的物理吸附增加石墨烯网络结构的磁阻,位于石墨烯纳米孔道内的钾团簇将导致非磁性区域的出现。

1.3.6　石墨烯的光学性能

作为单原子层薄膜,理论预测石墨烯具有难以想象的不透明度,其光吸收值 $\pi a\approx2.3\%$,a 为精细结构常数,这意味着只凭借肉眼就可以看出这层单原子膜的存在,如图 1.17 所示。实验测量单层石墨烯不透明度为 $(2.3\pm0.1)\%$,与理论预测一致。此外,在外加磁场调控下,石墨烯纳米带的光响应频率可以调控到太赫兹范围,这可能在未来太赫兹发射器等光电器件上有重要应用。

在可见光波段,将石墨烯覆盖在几十个微米的孔洞上,射入白光,石墨烯可以吸收大约 2.3% 的可见光。在红外波段,在 700～8 000 cm^{-1} 谱段石墨烯存在多子交互作用。另外,随着门电压的增大,红外光在所有波段的吸收和输运曲线由定值变为有所起伏,在波数为 1 250 cm^{-1} 左右时,其吸收曲线达到谷底,峰值向高频率方向变化,且在高频率阶段受电压的影响逐渐减小。控制石墨烯光学传导率的能级主要是载流子占据的最高能级,即两倍费米能级。

此外,石墨烯还表现出非线性饱和光吸收特性,即当入射光的强度超过一个阈值,石墨烯的光吸收会达到饱和,这种独特的非线性吸收特性称为饱和吸

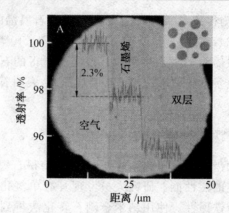

图 1.17 光透过 50 μm 空洞的图像

收。当入射的可见光或者近红外光的光强较强时,因为石墨烯的整体光吸收和零禁带的特性,石墨烯非常容易达到光饱和吸收。基于这些特性,石墨烯可能在光纤激光器的全频带锁模、超快光子学等领域取得重要应用。

第 2 章　石墨烯的制备方法

第 1 章已经介绍过,石墨烯最初是采用机械剥离的方法从高定向热解石墨上分离出来的。但该方法产量小,仅适用于进行基础性研究工作。而在实际应用中,由于需要进行大批量的生产,制备大面积、连续、透光、导电性可控的石墨烯薄膜,因此开发新型高效的石墨烯制备方法始终是研究者不断追求的目标。

石墨烯的制备方法比较多,常用的有以下四种:机械剥离法、氧化石墨-还原法、外延生长法和化学气相沉积法。其中,机械剥离法是第一次制备出石墨烯所采用的方法,可以获取高纯度的单层石墨烯,但产量太低,仅适合实验室研究。氧化石墨-还原法是一种常规、有效的制备石墨烯的方法,通过在石墨层间插入官能团后快速膨胀,从石墨中剥离出石墨烯,产量可达几十到几百毫克,该方法所需设备简单,可以得到电化学及力学性能良好的石墨烯,但流程较复杂,反应时间较长,且对石墨烯的破坏比较严重。外延生长法利用单晶硅或碳化硅为基体,可以生长出高纯度的单层石墨烯,但是这种方法存在基体和石墨烯难分离的问题,同时,石墨烯晶型受基体限制,产量也相对较低。化学气相沉积法是一种常用的可以大量合成高质量石墨烯的方法,它通过在金属表面高温分解含碳化合物,从而促进石墨烯的生长。但这种方法反应温度较高(1 000 ℃),催化剂 Ru 及 Ir 等价格昂贵,制约了石墨烯的大规模生产。虽然 Dato 等利用增强等离子体化学气相合成法(PECVD)制备出了石墨烯片,解决了模板的问题,但所需设备复杂,产量还远达不到工业应用的范畴。

本章从石墨烯制备过程中前驱体存在的形态出发,把石墨烯的制备方法分为三大类,即固相法、液相法和气相法,并介绍采用这三类方法制备石墨烯的详细工艺过程。

2.1　固相法

固相法是指碳源在固态下供给以生长石墨烯的一类方法,目前主要有机械剥离法和催化生长法。

2.1.1　机械剥离法

石墨片层之间是以较弱的范德瓦耳斯力相结合的,因此,通过简单的施加外力即可将石墨烯直接从石墨上"撕拉"下来。Geim 等人于 2004 年采用这种较简单的方法——机械剥离法成功地从高定向热解石墨(HOPG)上剥离并观测到单层石墨烯薄片,如图 2.1 所示。通过这种方法可以获得石墨烯以及不同层数的石墨烯片。Geim 等人利用胶带将石墨碳层从高定向热解石墨上一片一片剥离下来,然后转移到 Si-SiO₂ 衬底上,得到了微米级的石墨烯,但片层较厚。随后该研究小组对该方法进行了改进,最终得到了严格意义上的单层石墨烯。基底对制备石墨烯具有重要作用,通过将常用的 SiO_2 基底改为其他的晶体,如 $SrTiO_3$,TiO_2 和 Al_2O_3 等,发现制备的单层石墨烯厚度仅为 0.34 nm,远小于用 SiO_2 为基底制备的石墨烯。机械剥离法对设备要求比较严格且产量较小,仅适合实验室研究,难以应用于工业化生产。但是,采用机械剥离法制备的石墨烯是本征的石墨烯材料,没有任何物理化学性能的破坏,因此具有质量高,适宜进行理论研究的特点。这种方法最早使人们真正认识了石墨烯的存在。

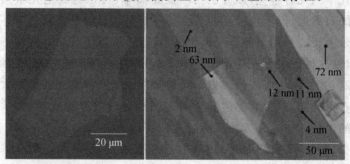

(a) 石墨烯的光学电镜照片　　(b) AFM测试石墨烯薄片的厚度

图 2.1　石墨烯薄片的照片和厚度

英国曼彻斯特大学的 Novoselov 等人利用胶带微机械剥离也得到了薄层石墨烯,如图 2.2 所示。该研究首先利用氧等离子体的刻蚀作用,在厚度为 1 mm 的高定向热解石墨的表面得到多个深度为 5 μm 的平台,再将刻蚀过的表面固定于光阻材料的平面上,将除平台以外的石墨结构去除。然后,研究人员用透明胶带反复地从已固定的平台上剥离石墨片层,直至该平面上剩下较薄的片层为止,并将其分散于丙酮溶液当中。再将表面涂有 SiO_2 薄膜的硅基片置于该溶液中浸渍片刻并超声洗涤,一些厚度小于 10 nm 的石墨片层在范德瓦耳斯力或毛细作用下紧密地固定在硅基片上。

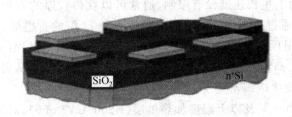

图 2.2 微机械剥离法制备石墨烯

机械剥离法制备石墨烯的主要思路是用胶带粘住石墨片的两侧面,反复剥离来获得石墨烯。这种方法得到的石墨烯宽度一般在几微米至几十微米之间,最大可达毫米量级,肉眼即可观察到。机械剥离法的石墨原料除高定向热解石墨外,也可以采用天然鳞片石墨。

采用高定向热解石墨为原料制备石墨烯的工艺过程如下:

①采用离子束对 1 mm 厚的高定向热解石墨表面进行氧化等离子处理,在表面刻蚀出宽为 20 μm~2 mm,深为 5 μm 的微槽;

②将经过等离子处理后的石墨用光刻胶粘到玻璃衬底上,然后再用透明胶带进行反复撕揭,并除去多余的石墨;

③将粘有石墨薄片的玻璃衬底放入丙酮溶液中超声处理;

④在丙酮溶液中放入单晶硅片将石墨烯"捞出",石墨烯薄片在范德瓦耳斯力或毛细力的作用下会吸附在单晶硅片上。

另外一种机械剥离法也非常简单有效,是将石墨表面在另外一种固体表面上进行摩擦,使石墨烯片层附着在固体表面上。这种方法尽管操作简单,但得到的石墨烯尺寸不易控制,且产量极低。其他剥离石墨的方法还包括静电沉积法、淬火法等。

2.1.2 催化生长法

1.外延生长法

加热 SiC 外延生长法是将经过表面处理的单晶 SiC 晶体置于高度真空条件下,通过高温或电子轰击的方法热解 SiC 晶体使硅升华从而制备出石墨烯。通常石墨烯外延生长在单晶 4H-SiC 或者 6H-SiC 的 Si(0001) 晶面或者 C(0001) 晶面上,在 1 300 ℃ 高真空条件下发生如下反应

$$SiC \longrightarrow Si(g) + C$$

Si 原子高温升华,从而生成单层或者少数层石墨烯片层。在 Si(0001) 晶面上生长的速度比较慢,并且在高温下较短的时间就会停止生长。在

27

C(0001)晶面上生长速度没有限制,通常可以获得较厚的石墨烯薄膜(5~100 层厚)。通过控制加热温度可以制备出 1~3 层的石墨烯。SiC 晶体生长石墨烯采用顶部生长机理进行描述,其生长包括两个过程:

①SiC 在高温中加热(1 100 ℃)导致 SiC 的分解,Si 从表面脱附造成碳原子的积聚生成碳富集层;

②在 1 200 ℃及以上温度加热单层(1 200 ℃,2 min)、双层(1 250 ℃,2 min),或者三层,以及更厚的(高于 2 300 ℃,2 min)石墨烯,产生石墨烯/SiC 的缓冲层。

石墨烯的层数仅仅与生长温度有关,而长时间的退火温度影响石墨烯片层的内应力和形态。石墨烯/SiC(0001)的界面缓冲层是弯曲的石墨烯片层,具有五边形、六边形以及七边形的缺陷,破坏了石墨烯蜂巢晶格的对称性,虽然下一层的石墨烯片层是平的蜂巢状结构,但是与弯曲石墨烯片层的相互作用改变了狄拉克点的分布,从而导致量子霍尔效应的缺失。

采用外延生长法制备的石墨烯片层厚度主要由温度决定,片层较薄甚至可以得到单层石墨烯。SiC 外延生长法制备石墨烯的优点是用绝缘的 SiC 生长出的石墨烯,不用转移到另外绝缘的衬底上就可以进行表征测试。但是由于 SiC 晶体表面结构复杂,所以很难制备出大面积且厚度均一的石墨烯,得到的石墨烯片面积较小,而且有大量的无序性。同时,该方法对于基底的要求也较高,昂贵的基底也限制了外延生长法的实际应用,所以这种方法主要应用于理论研究。

图 2.3 为石墨烯在 SiC(0001)基片上的低能电子衍射(Low-energy electron diffraction,LEED)谱及扫描隧道显微(Scanning tunneling microscope,STM)图像,从图中可以看出石墨烯中碳的六边形晶格特性。

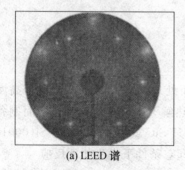

(a) LEED 谱　　　　　　　　(b) STM 图像

图 2.3　SiC 外延生长法制备石墨烯的 LEED 谱和 STM 图像

外延生长法制备的石墨烯观察不到量子霍尔效应,但具有较高的载流子迁移率。在 SiC 上生长的石墨烯可以使用标准的纳米刻蚀技术,做成复杂的亚纳米结构,直接作为电子元件,与现有的半导体技术衔接,是应用于未来纳米电子学的理想材料。但是,在高温加热过程中,SiC 晶体的表面发生重构,导致其表面粗糙化,从而影响石墨烯的生长,难以获得大面积、高质量、厚度均一的石墨烯。同时外延生长的石墨烯表面的电子性质受 SiC 基底的影响很大,使用单晶 SiC 基底以及超高真空条件所带来的高成本,限制了加热 SiC 生长石墨烯技术的使用,需要进一步完善其生长机理以及优化加热 SiC 生长石墨烯的工艺参数。

2. 金刚石高温转化法

在 1 650 ℃氩气环境下高温转化纳米金刚石可得到石墨烯,但是产物中存在没有完全转化的纳米金刚石杂质。此法制备的石墨烯热稳定性较好,并且石墨烯层数较少,比表面积较高,具有一定的储氢性能。

2.2　液相法

固相法是获得高质量石墨烯的有效方法,但产量较低。为了实现石墨烯的批量生产,近年来氧化石墨和膨胀石墨制备技术,以及传统的石墨处理方法都被借鉴过来,用于石墨烯的制备。

2.2.1　氧化还原法

氧化还原法是大规模制备石墨烯的重要方法之一,也是实验室常见的一种制备方法。在氧化还原法制备石墨烯的过程中,首先通过氧化、超声振动等作用将石墨各层之间的范德瓦耳斯力作用打破,形成单原子层的氧化石墨片,然后再通过化学还原的方法对氧化石墨片进行还原。该过程主要是先通过化学氧化使边缘含有羧基、羟基,层间插入环氧基及羰基等含氧基团。此过程可以使石墨层间距扩大,再通过外力(如超声、热膨胀等)剥离得到氧化石墨烯,进一步还原即可制备出石墨烯。该石墨烯在场效应晶体管中与机械剥离出的原始石墨相似,都具有良好的导电性,但由于无法还原彻底以及制备过程中产生的大量缺陷,严重影响了石墨烯的电学性能。单片层氧化还原石墨烯的弹性模量大约为 0.25 TPa,略小于原始石墨烯。该方法所得产物产量高,设备简单,但是反应所需时间较长,对石墨烯结构破坏较严重。

1. 氧化石墨还原法

氧化石墨还原法一般包括三个过程：石墨的氧化、氧化石墨的剥离和石墨烯氧化物的还原。

石墨的氧化方法主要有 Hummers，Brodie 和 Standenmaier 三种方法，都是采用无机强质子酸（例如浓硫酸、发烟 HNO_3 等）对原始石墨进行预处理，目的是将小分子插入到石墨层间，再用强氧化剂（如 $KMnO_4$，$KClO_4$ 等）对石墨进行氧化得到氧化石墨。其中氧化剂的浓度及氧化时间对产物形貌和性能有很大的影响，只有浓度和时间合适才能最终得到大尺寸的单层氧化石墨烯片。

氧化石墨的剥离方法一般采用超声剥离法，即将氧化石墨的乙醇悬浮液在一定功率下进行超声处理，从氧化石墨片层中剥离出石墨烯氧化物。

最后石墨烯氧化物需要经过还原才能得到石墨烯。常用的还原方法主要有三种：化学还原法、热还原法和溶剂热还原法。化学还原法是利用还原剂（例如硼氢化钠、水合肼等）除去片层间的各种含氧基团，但是该方法所得的石墨烯容易产生缺陷，影响其导电性能。热还原法是将石墨氧化物进行快速高温热处理，处理温度为 $1\,000\sim1\,100\ ℃$，使石墨氧化物迅速膨胀而发生剥离，同时含氧官能团热解生成 CO_2，从层间溢出，加快片层剥离，从而得到石墨烯。溶剂热还原法是利用醇和碱等溶剂的热反应，在低温下实现氧化石墨烯还原的方法。

氧化还原法是目前被广泛应用的一种液相法，从它的制备过程可以看出，它制备石墨烯的基本思路是在液相中实现固相剥离，采用的原料是不同目数的鳞片石墨。该方法成本低，周期短，产量大，表面官能团和缺陷较多，因而也是制备石墨烯基复合材料的一种常用方法。2005 年，Stankovich 等人将石墨氧化并且分散在水中，形成平均厚度只有几个纳米的氧化石墨烯悬浊液。同年，他们首次使用化学还原法制备了石墨烯，并将还原得到的石墨烯用聚合物包覆均匀地分散在水中。

为了更好地分离石墨烯，得到更大比例的单层石墨烯，控制氧化处理过程是其中最关键的步骤。石墨的层间距只有 $0.34\ nm$，经过氧化后，石墨的层间距可以增大到 $0.7\sim1.2\ nm$。尽管石墨是一种既不亲水也不亲油的物质，但经过氧化处理后的氧化石墨由于其表面具有大量的含氧官能团而表现出良好的亲水性。

氧化还原法制备石墨烯的基本原理如图 2.4 所示。首先是将石墨进行氧化处理，以改变石墨片层间的自由电子对，并对其表面进行含氧官能团（如羟基、羧基、羰基和环氧基）的修饰，这些含氧官能团不仅可以降低石墨片层间的范德瓦耳斯力,而且还可以改善石墨的亲水性,便于其分散在水中;接下来将氧化石墨在水中进行剥离,形成均匀稳定的氧化石墨烯胶体;由于氧化石墨烯是绝缘体,而且缺陷较多,需要将其进一步还原成石墨烯,这样就可以得到缺陷少,性能较好的石墨烯。但是随着石墨烯表面含氧官能团的减少,其在水中的分散性变差。

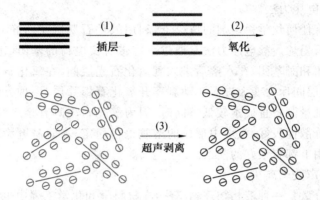

图 2.4　氧化还原法制备石墨烯的基本原理

为了使石墨的氧化更加充分,先对石墨进行膨胀预处理,即将石墨浸泡在由浓硫酸和双氧水组成的酸溶液中,使酸分子插层到石墨的层间,得到石墨层间化合物,也可称为可膨胀石墨;然后将可膨胀石墨在氩气保护下快速加热到 900 ℃,石墨夹层中的酸分子急速分解、汽化形成水蒸气和二氧化碳,将片层膨胀开,得到膨胀石墨,石墨片层可在垂直方向上膨胀几十倍甚至几百倍。使用改进的 Hummers 法对石墨进行氧化,将膨胀石墨与高锰酸钾和硝酸钠在浓硫酸中进行均匀地混合,在 0～4 ℃保温 1～24 h,使氧化剂充分地渗入到石墨片层间,然后在 35 ℃搅拌 30 min 左右,经过稀释后在 95 ℃条件下搅拌 15 min,加入双氧水除去溶液中残留的氧化剂,在去离子水或稀盐酸溶液中(体积比 1∶10)漂洗直至中性,经 80 ℃干燥24 h,即得到氧化石墨。配制一定浓度的氧化石墨水溶液,超声分散,得到均匀稳定分散在水中的氧化石墨烯胶体。

2. 氧化石墨烯的制备方法

氧化石墨烯的制备方法主要有:热解膨胀剥离法、静电斥力法和超声波剥离法。

(1)热解膨胀剥离法。

在氢气环境中采用热解膨胀剥离法对氧化石墨进行处理,最后获得产率较高的单层氧化石墨烯片,其平均厚度为(1.81±0.36) nm。在高温条件下,氧化石墨所带有的环氧基、羟基和羧基会发生分解,并生成气体(以水蒸气和二氧化碳为主),直到气体生成速率大于释放速率后,氧化石墨片层间产生膨胀达到数百倍,层间压力超过片层间范德瓦耳斯力,进而使氧化石墨片层剥离。所以热解膨胀剥离法实质上就是进行氧化石墨的热分解处理法。

(2)静电斥力法。

在没有任何化学稳定剂的情况下,利用氧化石墨层间的静电力,成功地剥离出石墨烯。静电斥力法是通过一些带有负电荷的基团(比如,酸性氢氧根基团和醚基团)在水解后进入到氧化石墨层间,在氧化石墨层间相互排斥,使层间斥力变大进而自动剥离开氧化石墨片层,该种方法可用于石墨烯的批量制备且成本较低。同时,因为氧化石墨具有亲水性,氧化石墨烯的水分散性极好,在水中形成的溶胶也很稳定,在防静电涂层和纳米医学的应用上都有很好的前景。

(3)超声波剥离法。

超声分散是一种液相物理剥离法,在材料学和化学工程中也是一种十分有效的方法。Ruoff 小组于 2006 年发现通过简单的超声分散就可以得到氧化石墨烯薄片,超声分散的剥离程度相对较高,薄片也可以稳定地分散在水中,对分散液的表征发现,除了氧化石墨烯之外,也有微量的氧化石墨烯堆垛物和聚集物。超声波疏密相间地辐射使液体流动并产生极大量的微小气泡,如同"炮弹"在氧化石墨悬浮液中轰炸。在纵向传播的负压区中,产生出这些"炮弹",并不断生长,接着"炮弹"又迅速地在辐射波正压区收缩,把出现这种过程的现象称为"空化"效应,收缩时可即刻产生至少为 10^8 Pa 的高压持续地冲击氧化石墨,犹如进行一连串的连续不断的高压式小"爆炸",迅速使氧化石墨的片层剥离。

由于超声剥离过程不是化学变化,氧化石墨烯薄片与氧化石墨一样是绝缘体。而热解膨胀剥离法则会导致氧化石墨烯片部分脱氧,从而具备了导电性能,可直接当作纳米导电填料而不必如超声剥离的氧化石墨烯需要再进行还原来恢复导电共轭结构。但由于热解膨胀剥离法中释放 CO_2 会造成约 30% 的质量损失,而且超声剥离法制出的表面官能团更为丰富,可更有利于氧化石墨烯与基体复合或自组装,所以这两种方法在应用上各有其优势。

此外,有学者采用低温剥离的方法得到了氧化石墨烯片;也有人应用微机械剥离法(比如球磨、气磨、剪切、高压研磨)对氧化石墨进行剥离;还有人采用在氧化石墨层间进行原位聚合高聚物后,用高温使高聚物膨胀进而实现氧化石墨的片层剥落。

氧化石墨烯中的含氧官能团破坏了石墨烯的 π 键合结构,使其导电性能大幅度下降而成为绝缘体。同时,由于这些含氧官能团大多是具有亲水性的,因而氧化石墨烯的亲水性要高于石墨烯。这样要恢复氧化石墨烯的良好导电性,就需除去其表面大量的含氧官能团,修补其缺陷,以得到完美的石墨烯。

3. 氧化石墨烯的还原方法

如前所述,还原氧化石墨烯常用的制备方法主要有三大类:第一类是使用还原剂在高温或者高压条件下,直接还原氧化石墨烯;第二类是将氧化石墨烯在惰性气体保护下加热(约 200 ℃ 以上),以使含氧官能团的稳定性下降,并以水蒸气和二氧化碳等形式脱除;第三类是在低温下通过醇、碱等的溶剂热反应去除氧化石墨烯表面的含氧官能团。

下面分别介绍氧化石墨烯还原的这三类方法:化学还原法、热还原法和溶剂热还原法。

(1)化学还原法。

通过将氧化石墨胶体在适度的时间和功率下进行超声处理,可以得到大量单层或薄层氧化石墨烯,再使用肼、对苯二酚、硼氢化钠等还原剂还原可以得到石墨烯。Stankovich 等人利用 Hummers 法制备氧化石墨,在超声波辅助处理作用下制备氧化石墨烯,利用水冷凝器下 100 ℃ 油浴以水合肼(N_2H_4)为还原剂制备石墨烯。发现得到的石墨烯片层自发团聚,形成一种由石墨烯片组成具有高表面积的纳米碳材料,该石墨烯聚集体具有高的导电率,可用于储氢以及作为聚合物填料增加其导电性。采用氢氧化钾、氢氧化钠溶液处理氧化石墨悬浮液,通过简单的加热和低功率超声得到分散性良好的石墨烯溶液,此过程被认为是一种无毒的,且可以用于工业放大制备石墨烯的有效方法。使用还原剂还原氧化石墨烯是一种非常有效的还原方法,常用的还原剂包括液态还原剂(如水合肼)、固态还原剂(如硼氢化钠)和气态还原剂(如氢气)。

虽然水合肼对于移除氧化石墨表面的含氧基团是非常有效的,但是氮元素往往会共价键合在其表面。少量氮元素的存在会显著地影响产物的电子结构(作为 n 型掺杂),并且这些元素即使通过热解反应也几乎不可能被消除。

硼氢化钠($NaBH_4$)的还原效果比水合肼的要好。尽管硼氢化钠能够在水中慢慢水解,但是这个过程在动力学上是很慢的,在溶液中仍然存在大量的还原剂。氧化石墨经硼氢化钠还原后,其面电阻能够达到

59 k $\Omega \cdot$ sq^{-1}(水合肼还原的氧化石墨面电阻达到了 780 k $\Omega \cdot$ sq^{-1}),其原子比为C：O 达到 13.4：1(水合肼还原的氧化石墨 C：O(原子比)为 7.2：1)。并且利用硼氢化钠作为还原剂不会在片层表面引入其他原子,导致其电子结构改变。硼氢化钠还原 C=O 键的效率是非常高的,但是其还原环氧基团和羧基能力有限。

其他的还原剂包括对苯二酚、氢气和强碱溶液等。氢气还原是非常有效的一种方法,其 C：O(原子比)达到了 10.8：1。硫酸或者其他的强酸也被用来催化氧化石墨烯表面脱水。因为氧化石墨经过还原剂还原后,其表面仍有大量的羟基,所以强酸的催化脱水反应能进一步还原氧化石墨烯,使其性能得到进一步提高。

(2)热还原法。

热还原法是利用氧化石墨在瞬间高温下,层间的含氧官能团、水分子的降解形成 CO_2 或 H_2O 等小分子逸出,使得石墨片层克服层间范德瓦耳斯力发生剥离,同时氧含量下降的一种氧化石墨烯还原方法。Schniepp 等人于 2006 年报导了这种热处理还原剥离法,该方法的原料为 Standenmaier 法制备的氧化石墨(氧化处理时间大于 96 h)。将少量完全干燥的氧化石墨粉末置于封闭的石英管当中,在氢气的保护下高温(1 050 ℃)处理 30 s,再将得到的高温膨胀石墨利用超声波分散在 N-甲基吡咯烷酮(NMP)中,并均匀涂敷于高定向热解石墨上,利用原子力显微镜表征产物的形貌和厚度。

测试结果证实了带有少量含氧官能团的单层石墨烯被成功制出。通过热重分析仪、DSC 热分析仪和傅里叶变换红外光谱仪对氧化石墨热处理过程跟踪发现,片层剥落的机制主要是存在于氧化石墨片层间的气体由于快速加热而气化导致碳层的膨胀剥离。产物经过分子模拟后,单层石墨烯在形貌上保持了一定的曲率以降低表面活化能,且在碳网格上保留了少量的官能团和线性缺陷。

所以,热还原过程的显著影响就是对石墨烯片层结构的破坏。在热还原过程中几乎 30% 的氧化石墨会损失掉,其表面上也会形成许多空洞和形态缺陷。显然,这些缺陷会影响产物的电学性能,但是其导电率仍然可以达到 1 000~2 300 S·m^{-1},这表明热还原法是一种非常有效的还原方法。

(3)溶剂热还原法。

氧化石墨烯的含氧官能团在高温时并不稳定,尤其在快速加热时,氧化石墨烯的含氧官能团在 200 ℃左右会快速分解,所以可以通过升温的方式将氧化石墨烯表面的含氧官能团除去而得到石墨烯。利用醇基溶剂（如乙醇、丁醇、乙二醇）在低于 200 ℃的条件下，可以实现氧化石墨烯的还原。氧化石墨烯分散在强碱（如氢氧化钠、氢氧化钾）的水溶液中，在低于 90 ℃的条件下，可以还原氧化石墨烯，得到稳定均匀分散在水中的石墨烯胶体。

使用水、乙二醇、乙醇、1-丁醇作为溶剂，水热反应还原胶体分散态氧化石墨，制备化学改性石墨烯。这种制备方法反应温度较低（120～200 ℃）。反应温度、密封反应釜自生压和溶剂的还原性直接影响改性石墨烯片层的还原程度，这种制备方法开辟了在不同溶液中制备各种石墨烯基复合材料的新途径。其中利用乙醇作为溶剂，120 ℃反应 16 h，可以得到还原程度较好的石墨烯。利用溶剂热方法分别制备具有亲水性和疏水性的氧化石墨烯片层，通过与丙烯胺反应，氧化石墨烯的亲水性增加，氧化石墨烯在结构上是无定形的；通过溶剂热反应利用异氰酸苯酯功能化制得疏水性氧化石墨烯。疏水的石墨烯可以在有机溶剂中充分分散，为制备高性能的聚合物基石墨烯复合材料提供良好的途径。

除了上述三类还原氧化石墨烯方法外，在光催化领域常常使用催化还原法来还原氧化石墨烯，即在光照或高温的条件下，将催化剂混合到氧化石墨烯中，诱导氧化石墨烯还原。通过催化剂使电子发生转移也可以达到还原氧化石墨烯的目的。例如，以二氧化钛为催化剂在紫外光的照射下将电子转移到氧化石墨烯上，获得了石墨烯与二氧化钛纳米粒子的复合物。

以上详细介绍了传统的氧化-还原法制备石墨烯的工艺过程，此外，还有一种特殊的氧化还原法，它是以碳纳米管替代石墨为起始原料，称为"碳纳米管纵切法"，用于批量制备石墨烯纳米条带（GNR）。通过（硫酸＋高锰酸钾）氧化处理或等离子刻蚀处理可以打断碳纳米管表面的σ键，进而将其纵向"切开"形成石墨烯。此方法产率高，可批量获得尺寸可控、边缘整齐的石墨烯纳米条带，如图 2.5 所示。碳纳米管向石墨烯的转化仅靠物理作用是难以实现的，需要添加催化剂进行化学反应或物理刻蚀进行切割开管。前者需要先用强氧化剂（如 $KMnO_4$）混合强酸（如 H_2SO_4）对碳纳米管进行刻蚀开环、开管，然后用还原剂（如水合肼）还原边缘上残留的官能团；后者是利用 Ar 等离子体沿管方向进行刻蚀开管，除去反应前添加的聚甲基丙烯酸甲脂（PMMA）。尽管延长 Ar 等离子体的刻蚀处理时间（t），可以得到层数更少的 GNR 如图 2.5(c)，但是，上述两种方法得到的石墨烯片层长宽比较大，更倾向于石墨烯纳米带或石墨烯纳米片，其性能高于从高定向热解石墨中剥离的石墨烯片，较大的能带隙使其在晶体管开关中有着广泛的应用前景。同时，由于宽度较窄，边缘效应明显使得电子迁移率降低,影响了导电性能。

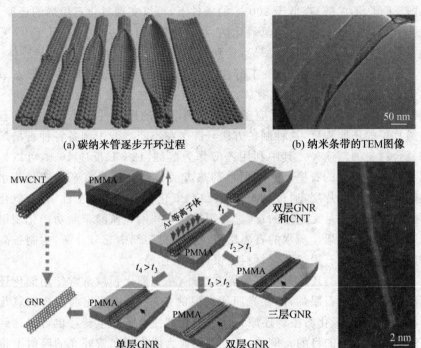

(a) 碳纳米管逐步开环过程 　　　　　　　(b) 纳米条带的TEM图像

(c) 纳米管等离子蚀刻制备石墨烯纳米条带的过程 　　(b) 纳米条带的AFM图像

图 2.5　碳纳米管纵切法制备石墨烯纳米条带示意图

　　另外,将二茂铁中的金属铁活性颗粒取出后再填充到单壁碳纳米管中,然后高温热解可以生成单层石墨烯。虽然其转化机理还不清楚,但催化剂在转化过程中的作用是毋庸置疑的。所得石墨烯与上述石墨烯纳米条带不同,可见催化剂在促进碳纳米管开管后又催化片层的结合,使石墨烯纳米条带向平面各个方向扩展,转化为石墨烯。

　　热解法通过热解二茂铁和 1,2,4-三氯苯混合物直接高收率地合成石墨烯,其碳源转化率为 42 %,在 0.5 L 反应釜内一次可以合成 8 g 左右。其特点不仅是产量大,远大于传统方法,而且该方法制备的石墨烯片层大(约 10 μm),片层完整,层数少(3～5 层);结晶性能较好,缺陷位少。

　　热解法工艺过程如下:

　　(1)首先将二茂铁和 1,2,4-三氯苯混合均匀,将该混合物加入到反应釜中,机械密封后检测装置气密性,然后充放氮气三次,除空气以获得惰性保护环境。

(2)接下来通过控制升温程序(在 350 ℃ 以下 3 ℃·min^{-1},350~450 ℃时 2 ℃·min^{-1},450~500 ℃时 1 ℃·min^{-1}),打开反应釜,搅拌片刻开始反应。在反应进行中 400 ℃ 以下每 20 min 记录一次(包括时间、温度和压力)。

(3)反应釜冷却到室温后,将反应釜内气体排入水中直到和外界大气压平衡。打开反应装置,取下釜盖时会发现反应物分为上下两部分:上层为石墨烯初产物,呈灰色粉末状,膨胀性好;下层成分复杂,多为碳化铁、氯化铁等副产物,呈黑色硬块状,质地较硬。

(4)将石墨烯初产物用丙酮洗涤三遍,除去未反应的原料和无定形碳等杂质,然后将产物用盐酸进行清洗,除去金属铁和水溶性物质,再将剩余产物置于 250 mL 三口烧瓶中,加入 150 mL 吡啶,用恒温加热套加热到 120 ℃,搅拌器搅拌,并插入冷凝管冷凝回流 3 h。最后把溶液用循环水真空泵抽滤,将剩余产物置于恒温鼓风干燥箱干燥 12 h,即得纯净的石墨烯。

(5)由于所用反应釜的限制,反应最高温度只能达到 500 ℃。虽然石墨烯已经生成,但由于结晶性比较低,片层较脆弱,缺陷较多;易团聚等,影响了它的应用价值。将其炭化和石墨化处理可以弥补这些不足。

①炭化处理。将上述石墨烯移入到已经清洁处理过的 100 mL 瓷坩埚中,盖上密封盖以防止炭化过程中杂质的进入和产物随气流跑出,并用铁丝缠绕。将瓷坩埚置于管式炉的炉管中,大约位于中间部分(该部分温度最高,也与控制台显示温度最接近)。炉管密封时须用凡士林均匀涂抹密封盖,并用螺丝固定好。用真空泵抽气显示炉管密封完好后,充放氮气三次使炭化气氛具有惰性保护。然后利用控制台程序升温到 600~1 500 ℃,并保温 1 h。炭化结束后待管式炉降到室温后取出,即得 600 ℃ 炭化石墨烯。

②石墨化处理。将上述石墨烯在 2 800 ℃高温下烧结进行石墨化处理。采用这种方法制备的石墨烯产物层间距大,无序度高,结晶度高,规整度较好,在整体上与石墨不同,表现出长程无序,但在局部单片层呈短程有序,结晶度高、规整性好。此外,该方法制备的石墨烯纯度高,结构稳定,一次性产量可高达 10 g 左右,经过后处理发现纯度可达 95% 以上,石墨烯片层尺寸大(约几十微米),片层层数较少(3~5 层)。

采用这种方法制备石墨烯,氯元素对石墨烯生长过程起重要作用。原料中碳元素与氯元素的原子比,氯元素在原料中的位置,二茂铁等金属催化剂与碳源的配比,对产物的组成和结构有重要影响。当没有氯元素且催化剂颗粒较小时(纯二茂铁),碳源在其周围定向生成碳纳米管;添加氯元素,在催化剂颗粒外形成碳包覆层后,氯苯由于氯的催化作用苯环彼此结合,更易向平面定向生长,同时,脱落的氯元素与催化剂结合可以进一步改变催化剂的形貌和尺寸。当生成的片层过大脱落后由于长宽比过大,因此不会在宽度方向发生卷曲,形成像石墨烯那样的片层,得到这样的片层是因为碳源中二茂铁的五元环超过半数,当碳片中五元环达到一定量时,片层便发生卷曲。将苯碳源改为一氯苯,则由片层卷曲而成的碳纳米管将转变为碳纳米带;而碳源由1,2,4-三氯苯改为一氯苯时,则产物由石墨烯转变为碳纳米带,从苯环上氯元素数量的变化可以看出,氯对片层生长方向有重要影响,催化剂可以催化片层的生长,氯可以控制片层生长的方向。此外,将催化剂由二茂铁改为无水三氯化铁,产物也由片状石墨烯变为碳纳米带,催化剂催化生成了片层而不是碳纳米管,表明氯元素的控制作用是在催化剂结合后才起作用的,同时从片层较大的长宽比可以推断,片层在一维平面内是不对称生长的,进一步说明了氯在氯苯中控制片层生长方向的作用。

氧化还原法能够制备出大量廉价的石墨烯。而现阶段重点集中在石墨烯制备和应用上。对于石墨烯制备过程中产物的晶体学特性变化及规律等机理的研究还未引起学者们重视,这与石墨烯产品的优良性能和广泛应用极不相称,并影响更深层次研究工作的开展和深入。

2.2.2 超声分散法

目前国内外对于采用有机分子插层的超声分散法制备石墨烯的研究还很少,剑桥、牛津大学的学者们将石墨分散到有机溶剂中通过超声分散成功地制备出石墨烯,并研究了石墨在溶剂中超声分散前后体系单位体积混合熔的变化与溶剂、石墨的表面能、内聚能的关系,揭示了石墨烯在相应溶剂中稳定分散的本质是分散体系单位混合熔变最小。当分散体系单位体积混合熔变最小时,可以实现石墨剥层制备石墨烯,而且制备的石墨烯主要以一层、二层为主。有机分子插层超声分散法能制备出高质量的石墨烯,但由于分散程度很低,不易复合等原因,不能实现规模化生产,有待进一步探索。

超声分散法是液相剥离法中最简单的一种方法。操作步骤较氧化还原法简单,它是直接将石墨或石墨层间化合物(可膨胀石墨)在具有匹配表面能的有机溶剂中进行超声剥离与分散,再将得到的悬浊液离心分离,去除厚层石墨,即可获得石墨烯。

2008 年，Hernandez 等人首先选用 N-甲基吡咯烷酮(N-methyl-pyrro-lidone，NMP)作为分散剂，利用石墨超声分散法大批量地制备了石墨烯，收率高达 12%。通过首先对石墨进行膨胀预处理，再进行超声分散，使石墨烯的产量提高到 90%。液相剥离法可以在不引入缺陷的情况下将石墨逐层剥离，得到石墨烯薄片，从而保持了石墨烯优异的电学、光学、力学等性能。

除 NMP 外，用于超声分散法制备石墨烯的有机溶剂还有二甲基乙酰胺(N，N-dimethylacetamide，DMA)、丁内酯(y-butyrolactone，GBL)和1,3-二甲基-2-咪唑啉酮(1,3-dimethyl-2-imidazolidinone，DMEU)等，它们得到的石墨烯悬浊液浓度各不相同，可见不同的有机溶剂对石墨的剥离效果也是不同的。

石墨片层剥离所需的剥离能与有机溶剂的表面张力和单位面积石墨片层间范德瓦耳斯结合力(即石墨烯的表面能)大小直接相关。两者的匹配性越好，石墨片层的剥离能就越小，分散效果也越好。实验研究表明，当有机溶剂的表面张力在 $40 \sim 50$ mN·m^{-1} 时，剥离能相对最小，最佳的有机分散溶剂是苯甲酸苄酯(benzyl benzoate)，其剥离能接近于零。

同氧化还原法相比，超声分散法可以得到晶化程度较高的石墨烯，但是用于分散的有机溶剂与石墨烯的结合过于紧密，不利于后续石墨烯的纯化与转移。

2.2.3 溶剂热法

溶剂热法是另外一种液相直接合成法，在一个密封容器中，有机溶剂(如乙醇)和碱金属(如钠)首先发生反应生成中间相(石墨烯前驱体)，高温裂解后即可生成克量级的石墨烯。此方法工艺简单，成本低，适于批量生产。

采用溶剂热法可以得到高产率的薄层石墨烯。以金属钠和乙醇为原料，使用反应釜在 220 ℃加热 72 h 得到固相的溶剂热产物，作为石墨烯的前驱体。随后将此前驱体热解，得到的产物用去离子水冲洗。固体悬浮物真空抽滤并在 100 ℃的烘箱内干燥 24 h，最终获得了较高的收率，使用 1 mL 乙醇可以得到 0.1 g 石墨烯产物。该方法制备的石墨烯片层厚度为 0.4 nm，电导率为 0.05 S·m^{-1}。该方法的主要机理是乙醇与金属钠形成醇盐，多余的乙醇在溶剂热升温过程中蒸发产生自生压并包覆在醇盐周围，聚集的乙醇达到着火点，随后石墨烯通过类似"爆米花"的方式被获得。

2.2.4　有机合成法

除了氧化还原法、溶剂热法和超声分散法外,有机合成法也可以列入液相剥离法之中。这是一种自下而上的直接合成方法,利用石墨烯和有机大分子结构的相似性特点来合成高纯石墨烯晶体结构。

在采用化学法合成石墨烯之前,与石墨烯结构类似的有机大分子——苯基有机超分子曾被广泛研究。这种多环芳烃碳氢化合物(Polycyclic aromatic hydrocarbons,PAHs)界于分子和超分子之间,目前也有用于石墨烯的合成。同时,PAHs 结构多样,可以被一系列脂肪链取代而获得不同的溶解性。

将有机大分子(如 $C_{42}H_{18}$,$C_{96}H_{30}$)离子化,经质谱仪纯化后再沉积到衬底上,在一定条件下可以转换成结构规则的石墨烯超分子。这种方法还可以进一步推广到多种体系的超纯晶体薄膜的制备,包括有机分子、无机分子和生物分子,并可用于电学、生物催化以及纳米药物等领域。

2008 年,Mullen 等人合成了长 12 nm 的条带状 PAHs。如果能进一步增大 PAHs 的平面尺寸,将成为一种合成石墨烯的好方法。按照这一思路,通过分子前驱体的表面辅助耦合,获得聚苯树脂后,再进行环化脱氢,即可合成具有原子精度的、形状各异的石墨烯纳米条带,如图 2.6 所示。采用这种方法合成的石墨烯,其拓扑结构、宽度和边缘同前驱体中的有机单体密切相关,并且可以在一定范围内进行调控。这种典型的自下而上的合成方法,有望获得具有可控化学和电子特性的石墨烯条带结构,包括理论预测的条带内量子点,超晶格结构,以及与条带边缘状态相关的磁性器件。

图 2.7 为通过环化脱氢过程得到连续的稠环芳烃的分子结构式。采用多环芳烃碳氢化合物(PAHs)为前驱体,一方面,在溶液可控化学反应条件下,环化脱氢反应和平面作用制备出厚度小于 5 nm 的大片石墨烯;另一方面,先热解小分子前驱体,后高温碳化处理得到较大尺寸的石墨烯。结构良好的前驱体的选择对于石墨烯的制备是至关重要的,有机合成法所得到的具有较大尺寸和具有良好结构的石墨烯在模板作用下可以用于制备非传统的先进碳纳米材料。

采用有机合成法还可以制备出具有确定结构而且无缺陷的石墨烯纳米带。选用脯氨酸(L 型)和碘化亚铜为活化剂,选取四嗅酞亚胺为单体,使用有机合成法进行多分子间的偶联反应,实现了高效率化学合成石墨烯的纳米带,产物结构稳定无缺陷,制备过程如图 2.8 所示。

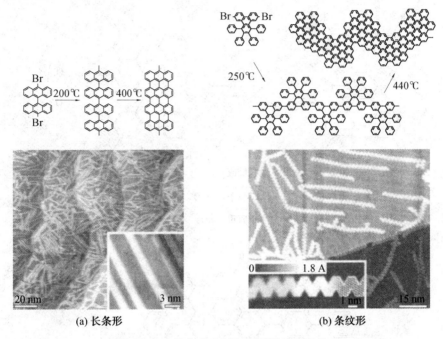

(a) 长条形   (b) 条纹形

图 2.6　有机合成法制备石墨烯纳米条带

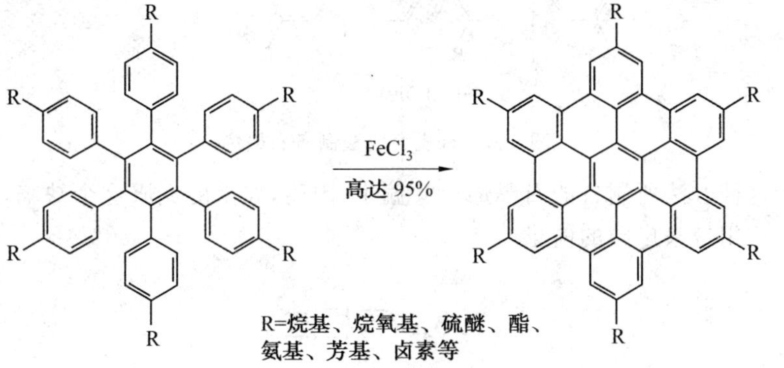

图 2.7　环化脱氢反应制备的大分子石墨烯

　　采用有机合成法制备的石墨烯具有产量高、结构完整、溶解性可控以及良好的加工性能等优点。该方法有效地克服了微机械剥离法和热处理单晶碳化硅法制备的石墨烯量少且不易分离的缺点,也克服了氧化石墨热剥离法引入大量缺陷的问题。该方法能够制备出具有优越性能的连续的石墨烯半导体薄膜材料,并且可以使用目前的半导体加工技术对石墨烯进行修饰和剪裁。因此,有机合成法在微电子领域有着巨大的应用潜力,但

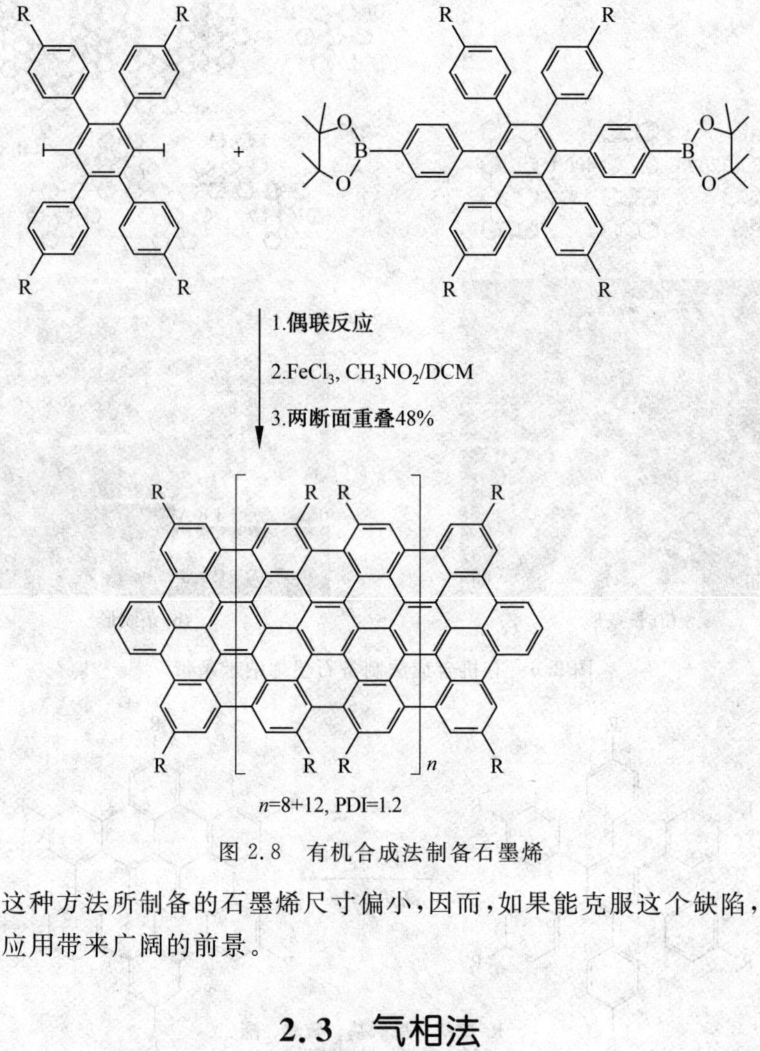

1.偶联反应

2.FeCl$_3$, CH$_3$NO$_2$/DCM

3.两断面重叠48%

n=8+12, PDI=1.2

图 2.8 有机合成法制备石墨烯

由于这种方法所制备的石墨烯尺寸偏小,因而,如果能克服这个缺陷,则将给其应用带来广阔的前景。

2.3 气相法

气相法是指在气态或等离子态中直接生长石墨烯的方法,包括化学气相沉积法、等离子增强法、火焰法、电弧放电法等。

2.3.1 化学气相沉积法

化学气相沉积法(Chemical vapor deposition,CVD)是应用较广泛的一种大规模工业化制备薄膜材料的方法,这种方法也被广泛用来进行碳纳米管的制备,其生产工艺十分完善,均匀性、重复性、可控性好,是一种制备石墨烯的较好方法。这种方法一般是通过高温、微波等手段将含碳化合物分解,在催化剂表面生长石墨烯,然后用化学腐蚀的方法去除催化剂即可将石墨烯片转移到任意基底上,或者得到无支撑的石墨烯片层。影响气相沉积法制备石墨烯的因素有:催化剂、碳源以及反应温度等。化学气相沉积法制备的石墨烯产量可观,产物可控性好。与制备碳纳米管不同的是,制备石墨烯需要的是平面基底(如金属单晶、金属薄片等)。反应进行时将基底置于炉管高温段,通入可分解的前驱体(如甲烷、乙烯等),通过在高温下淬火成碳原子沉积到基底表面生成规整的碳膜,最后再将金属基底除去即可得到完整的石墨烯。此方法可以通过控制基底的类型、前驱体的流量、反应温度等参数来控制石墨烯的面积、层数以及生长速率等。该方法已经成功地采用不同类型的金属基底制备了石墨烯,例如 Ni,Cu,Ru(0001),Ir(111),Pt(111)等,所得单层或多层石墨烯面积可达平方厘米量级,这也是化学气相沉积法制备石墨烯的最大优点。

在化学气相沉积法制备石墨烯过程中,模板起到关键性的作用。由于模板价格比较昂贵,也限制了该方法的应用和推广。利用微波等离子体反应器可以合成品质优良的石墨烯,该方法是在气相中常压下生成单层或双层石墨烯,而不需要模板,因此促进了化学气相沉积法的发展。但所需设备较复杂,片层较小,产量和产率较低。采用无模板法,利用樟脑为原料同样可以制备出厘米级别的石墨烯,尽管所得纳米片定向性好、尺度大、产量高,但片层厚度较大,产物成分复杂且生成机理较难分析。化学气相沉积技术借鉴了早期薄层石墨的制备思路,利用金属碳固溶体或碳化物中的过饱和碳沿晶体台阶析出,在特定晶面上形成石墨烯。通过对渗碳、冷却等工艺过程的控制,可以在金属基底上析出大面积、高质量的石墨烯薄膜,并且薄膜可转移到其他衬底上,能够保持原有的透光性和导电性。例如,使用稀有金属 Ru 作为催化基底实现了石墨烯的外延生长。首先,将碳原子在 1 150 ℃下渗入 Ru,然后冷却到 850 ℃后,大量过饱和的碳原子就会析出在 Ru 表面,形成连续的石墨烯薄膜。但采用此方法得到的石墨烯大部分是由多层和单层石墨烯叠加在一起的混合物,底层石墨烯与 Ru 作用较强,而上层石墨烯与 Ru 为弱电耦合。

2006 年,Somani 等人采用 CVD 法在 Ni 箔上,首先以樟脑为碳源成功地制备出石墨烯。该方法制备石墨烯的过程包括两个步骤,先在 180 ℃使樟脑沉积在 Ni 箔上,随后在 700~850 ℃Ar 气保护下,使樟脑热解生成石墨烯。通过 TEM 观察发现制备的石墨烯较厚,是由 35 层层间距为 0.34 nm 的石墨烯组成的堆积结构。尽管如此,这种方法为采用 CVD 法制备大面积石墨烯提供了新的思路。随后采用甲烷做碳源,在多晶 Ni 上制备出高质量的少层石墨烯,反应条件控制在大气压下,反应温度为 1 000 ℃,反应气体的组成(体积比)为 CH_4:H_2:$Ar=0.15:1:2$,气体的流速为 315 mL·min^{-1},冷却速率分别采用快速冷却(20 ℃·s^{-1})、中速冷却(10 ℃·s^{-1})和低速冷却(0.1 ℃·s^{-1})三种冷却方式。通过高分辨率透射电子显微镜(HRTEM)观察,确定制备的石墨烯的厚度为 3~4 层,如图 2.9(a)和图 2.9(b)所示,并分析出碳在 Ni 表面形成石墨烯的偏析机理。Ni 表面化学气相沉积石墨烯的原理是,在高温下利用碳氢化合物与 Ni 发生反应,碳原子渗入 Ni 晶格中,再将 Ni 急速冷却,过饱和的碳原子从 Ni 晶体中析出,形成单层或多层的石墨烯薄膜。在 Ni 上沉积石墨烯所需的条件是适当的渗碳温度、碳源和冷却速度,制备全过程还需要在保护性气氛下进行,以防止 Ni 晶体和碳原子发生高温氧化。

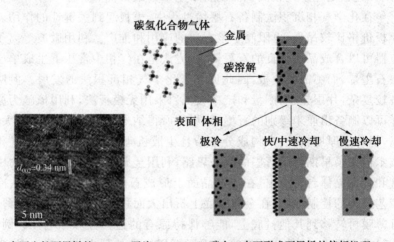

(a) Ni 表面生长石墨烯的HRTEM照片　　(b) 碳在Ni表面形成石墨烯的偏析机理

图 2.9　Ni 表面化学气相沉积石墨烯

下面以石墨烯在 Cu 箔基底上的生长为例,对化学气相沉积法制备石墨烯的工艺、后续分离和转移方法进行详细介绍。

1. 制备方法

同生长碳纳米管的方法类似,化学气相沉积法制备石墨烯多采用有机气体(如甲烷、乙烯等)、液体(如乙醇)或固体(如 PMMA 和蔗糖等)作为碳源。下面以乙醇为例,介绍化学气相沉积法制备石墨烯的具体工艺步骤。

用于制备石墨烯的化学气相沉积装置如图 2.10 所示。反应装置的主体部分为电阻炉,以长度为 1.5 m,内径为 35 mm 的石英管为反应室;采用乙醇作为碳源,以金属箔(如 Cu 箔和 Ni 箔)作为基底。反应溶液在精密流量泵的带动下通过毛细管输入反应室中。碳源在高温反应区中分解出碳原子,在金属基底上沉积并逐渐生长形成连续的石墨烯薄膜。

制备石墨烯薄膜的具体实验操作步骤如下:

①采用色谱纯的乙醇溶液(99.9%)作为碳源;

②将金属箔放于图 2.10 所示的电炉加热区的中央,密封反应室;

③通入 Ar 气,流量控制在 200 mL·min^{-1},加热反应室温度至 1 000 ℃;

④保持 Ar 气流量在 200 mL·min^{-1},保温一段时间,对金属箔进行高温预热处理;

⑤开启精密流量泵,使反应溶液通过毛细管注入反应室,溶液进给速度为 20 μL·min^{-1},反应时间为 5 min;

⑥反应完毕后,停止进给反应溶液,将金属箔快速地移动到炉口,关闭电炉,保持 Ar 气流量为 200 mL·min^{-1},直至炉温冷却至 300 ℃以下。

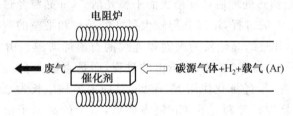

图 2.10 化学气相沉积装置简图

石墨烯在 Ni 箔和 Cu 箔上的生长机制不同,以 Ni 箔作为基底时,碳原子首先在高温条件下与 Ni 形成固溶体,冷却时过饱和的碳在 Ni 表面析出,形成石墨烯,如图 2.11(a)所示。渗碳浓度和冷却速率对石墨烯的厚度(层数)的影响至关重要,但较难控制。而碳和 Cu 箔不互溶,在石墨烯形成的过程中,Cu 主要起催化剂的作用,碳原子在 Cu 表面吸附并结晶生成石墨烯,如图 2.11(b)所示。当一层石墨烯形成并覆盖在 Cu 表面后,将阻碍后续碳原子的继续沉积。因此,控制适当的制备条件,可以在 Cu 基底上生长单层的石墨烯。

2. 工艺参数

如前所述,基底的选择决定了石墨烯的生长机制,而基底的处理方式则对产物的质量具有重要的影响。根据石墨烯在 Cu 基底上的生长机制,

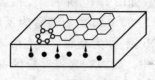 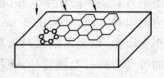

|(a) 渗碳/析碳机制|(b) 表面吸附催化机制|

图 2.11　石墨烯的生长机制

选择 Cu 箔作为石墨烯生长的基底,这是因为:

①碳在 Cu 中的溶解度极低,二者不形成固溶体;

②Cu 箔经过高温预热处理后,晶粒取向一致,晶粒尺度较大且平整;

③Cu 可作为气相沉积中的催化剂促进碳原子形核结晶。

对 Cu 箔进行高温预处理,处理温度为 1 000 ℃,氩气流量为 200 mL·min⁻¹,保温时间分别为 0 h,0.5 h,1 h,1.5 h,2 h,并分别采用随炉冷却和快速冷却两种方式进行冷却。结果表明,采用不同的保温时间和冷却方式,高温处理后 Cu 箔内晶粒取向趋于一致,有利于石墨烯在晶面上连续生长。未处理的 Cu 箔表面凹凸不平,不利于石墨烯的生长,经过 1 000 ℃高温预热处理后,Cu 箔表面平整光洁。Cu 晶粒经过高温处理、再结晶、晶粒长大的过程,可以获得较大尺寸的晶粒和平整的表面,有利于碳原子的沉积,并且结晶生长为大面积连续的石墨烯薄膜。由于碳与 Cu 不互溶,碳原子不必经过渗碳、再析出的过程,而是直接在 Cu 晶面上吸附沉积。碳原子在 Cu 的催化作用下,在 Cu 晶面上形核生长为二维的石墨烯。当一层石墨烯生长并覆盖在 Cu 箔表面后,多余的碳原子由于无法与 Cu 接触,大部分被氩气带走,或生成非晶碳附着在石墨烯薄膜的表面上。

反应温度对石墨烯在 Cu 基底上的生长影响也非常大,对晶体生长至关重要。碳原子在较低温度下会团聚成不同形状的沉积物,随着温度的升高,在 Cu 箔表面形成较厚的碳沉积物,到 1 000 ℃时,晶界内部出现细小的"台阶"状物,碳在 Cu 基底上均匀分布,形成连续的石墨烯薄膜,高于 1 000 ℃则会出现热解碳,而不能获得纯净的石墨烯薄膜。

在化学气相沉积法制备碳纳米管的过程中,氢气也起到了十分重要的作用。在现有关于化学气相沉积法制备石墨烯的报道中,均使用了氢气。而采用乙醇作为碳源时,则发现过量的引入氢气反而起到负面作用。图 2.12 左侧样品为未引入或引入少量氢气,生长石墨烯后 Cu 箔表面的宏观形貌。从图中可以看出,Cu 箔表面平整,略微呈现出暗金属色。图 2.12 右侧样品为使用氢气生长石墨烯后 Cu 箔表面的宏观形貌。Cu 箔表面出现凹凸不平的现象,可能是由于高温时氢原子与 Cu 发生相互作用,使 Cu 箔内晶粒排列发生不规则的变化,从而导致 Cu 箔表面变形,破坏了石墨烯生长所需的大面积平整基底的条件。进一步的 SEM 观察发现两种情况下的石墨烯在 Cu 箔上生长的微观形貌也不相同。在氢气作用下,Cu 箔表面有大量非晶碳沉积,说明氢原子阻碍了碳原子的结晶形核,限制了石墨烯的生长。另外,实验中使用的氢气和氩气的纯度也影响石墨烯的生长。当采用普通氩气(纯度为 99.99%)为保护气体时,气体中含有少量的杂质气体——氧气,由于氧气的存在造成了铜的氧化,破坏了碳原子在 Cu 晶粒表面结晶的条件,Cu 箔表面沉积了大量"团聚"的非晶态碳。而采用高纯氩气(纯度为 99.9993%)则可避免上述情况的发生。

图 2.12　未使用氢气和使用氢气的铜箔表面

此外,冷却方式对石墨烯的生长也十分重要,通常化学气相沉积法的冷却方式有两种,即快速冷却和随炉冷却。在这两种冷却方式下,Cu 箔晶面优先取向一致,为(200)晶面,在快速冷却条件下,Cu 箔平整、铜晶粒表面和晶界可见;而在随炉冷却条件下,Cu 箔表面密集地附着一层细小的碳颗粒,碳原子以非晶态的方式团聚并沉积在铜表面。通常最佳的冷却速度为 $10\sim20\ ℃\cdot s^{-1}$。

综上所述,化学气相沉积法在 Cu 基底上制备石墨烯薄膜较佳的工艺条件如下:反应温度为 1 000 ℃,预热时间为 2 h,以保证 Cu 箔中晶粒取向一致,使 Cu 原子处于较高的能量状态,以利于碳原子的形核结晶。另外,需要严格控制载气的纯度,限制氢气和氧气的含量,并采用快速冷却的方式,抑制非晶碳的形成。

除上述介绍的方法外,还可以采用固态碳源来制备石墨烯。采用聚甲基丙烯酸甲酯(PMMA)和蔗糖等含碳固体作为碳源,催化剂基底仍然选用 Cu 箔。例如,将 PMMA 薄层涂在 Cu 箔表面,升温到 800~1 000 ℃,

在保护性还原气氛（H_2/Ar）下保温数分钟后，即可使 Cu 箔表面生成一层均匀的石墨烯。如果采用蔗糖为原料，直接将糖撒在 Cu 箔上，采用同样的工艺参数，也可得到高质量的单层石墨烯。把 Cu 箔换成 Ni 箔，则可得到 $3 \sim 5$ 层的石墨烯。

采用类似的方法还可以对石墨烯进行原位掺杂，如将 PMMA 与含氮的三聚氰胺（$C_3N_6H_6$）混合后涂到 Cu 箔上，在上述条件下反应即可得到掺氮的石墨烯。

3. 转移方法

下面介绍石墨烯薄膜的分离和转移方法。化学气相沉积法制备的固态石墨烯薄膜，与金属（如 Ni，Cu）基底结合，并不能直接使用，这就涉及石墨烯薄膜的分离转移问题。能否获得大面积连续的石墨烯薄膜，与其转移工艺密切相关。因此，需要对石墨烯薄膜的分离和转移工艺进行研究。

石墨烯从基底转移的方法有三种：溶液刻蚀法、PDMS 转移法和滤纸转移法。

（1）溶液刻蚀法。

溶液刻蚀法是指将制备的固态石墨烯薄膜放入不能与石墨烯反应的溶液中，将 Ni 基底和 Cu 基底溶解，从而获得石墨烯薄膜的方法。刻蚀溶液可采用 $FeCl_3$，HNO_3 或（$FeCl_3 + HCl$）的混合溶液。溶解 Ni 基底和 Cu 基底的溶液为 $FeCl_3$ 溶液时，浓度控制在 $0.5\ mol \cdot L^{-1}$，反应方程为

$$2Fe^{3+} + Ni = 2Fe^{2+} + Ni^{2+}$$

$$2Fe^{3+} + Cu = 2Fe^{2+} + Cu^{2+}$$

分离和转移过程为：

首先配制 $0.5\ mol \cdot L^{-1}$ 的 $FeCl_3$ 溶液，并置于培养皿中；将制备的固态石墨烯薄膜剪成所需尺寸，置于 $FeCl_3$ 溶液中，反应 $15 \sim 20\ min$ 后，用镊子夹出转移至去离子水中，在张力作用下，石墨烯薄膜会脱离基底，漂浮在去离子水表面上；样品在 $FeCl_3$ 溶液表面漂浮时间控制在 $12\ h$ 左右，待 Ni 基底或 Cu 基底完全溶解后，未浸入 $FeCl_3$ 溶液的一层石墨烯漂浮在溶液表面，下层的石墨烯及非晶碳沉入溶液底部；用纱网捞取石墨烯薄膜，并置于去离子水表面，经过多次清洗以去除附着在石墨烯下表面的离子（如 Fe^{3+}，Fe^{2+}，Ni^{2+}，Cl^- 等），从而将石墨烯从基底上转移出来。

从采用溶液刻蚀法获得的石墨烯薄膜中可以看出，在 Cu 基底上生长的石墨烯较薄，透光性更好。

(2)PDMS 转移法。

在 Cu 基底生长的石墨烯薄膜相对较薄,直接浸入 $FeCl_3$ 溶液中刻蚀,虽然可以得到较大面积的石墨烯薄膜,但在捞取的过程中薄膜容易发生碎裂,PDMS 转移法可以很好地解决这一问题。这种方法首先是将制备的固态石墨烯先转移到聚二甲基硅氧烷(PDMS)基底上,然后进行刻蚀,即可获得大面积连续的石墨烯薄膜。

具体操作步骤如下:首先将生长有石墨烯的 Cu 基底折成槽状;然后将 PDMS 和 PMMA(质量比为 10:1)均匀混合,再将 PDMS 和 PMMA 的均匀混合物倾倒在槽状的 Cu 基底上,静置在水平位置,直至 PDMS 凝固;再用 $0.5 \text{ mol} \cdot L^{-1}$ 的 $FeCl_3$ 溶液进行刻蚀。待铜完全溶解后,石墨烯薄膜便会贴附在 PDMS 基底上;用去离子水反复清洗,即可获得大面积连续的石墨烯薄膜。

采用 PDMS 转移法获得的石墨烯薄膜具有优异的透光性,可以获得面积大、连续性好的石墨烯薄膜,且薄膜具有一定的韧性,可以随柔性基底进行弯曲而不被破坏。

(3)滤纸转移法。

在石墨烯从基底上转移的过程中,如果直接将在 Cu 基底上制备的石墨烯浸入 $FeCl_3$ 溶液中,有时所获得的石墨烯薄膜会沉积在溶液底部的培养皿上,而不易捞取。利用分析滤纸不溶于水而溶于丙酮的特点,可以将石墨烯薄膜先沉积在分析滤纸基底上,再用丙酮清洗来获得石墨烯薄膜。

分析滤纸转移工艺包括放置、刻蚀、清洗等步骤,具体操作过程为:首先配制 $0.5 \text{ mol} \cdot L^{-1}$ 的 $FeCl_3$ 溶液,将生长有石墨烯的 Cu 基底剪成小块;然后将过滤漏斗的下方密封,倒入 $FeCl_3$ 溶液,将分析滤纸平整地放置在溶液底部,再将生长有石墨烯的 Cu 基底置于分析滤纸上;通过 $FeCl_3$ 溶液的刻蚀作用将 Cu 全部溶解;移除过滤漏斗下方的密封物,使刻蚀后的溶液缓慢滴出。同时,在过滤漏斗上方缓慢滴加 500 mL 去离子水或稀盐酸溶液,清洗石墨烯薄膜;待过滤漏斗内液体全部流尽,石墨烯薄膜便会附着在分析滤纸上;最后剪取与目标基底(如硅片)大小相仿的石墨烯薄膜,使其与目标基底结合,在丙酮中反复清洗以去除分析滤纸,即可完成石墨烯的转移。

对比以上三种石墨烯薄膜的转移方法可以看出,溶液刻蚀法是最基本的石墨烯分离方法,获得的石墨烯薄膜漂浮在液面上,可以用其他基底捞取进行转移,方法简单。但是这种方法无法保证薄膜的连续性,且制备过程中薄膜易破碎。PDMS 转移法可以实现石墨烯的大面积转移,且获得的石墨烯薄膜连续性好。这种方法的缺点是操作过程比较复杂。

滤纸转移法可获得洁净的石墨烯薄膜,薄膜连续性也较好,但是在铜基底上下表面生长的两层石墨烯复合在一起,无法进行分离。

4. 尺寸控制

为了实现石墨烯在众多领域的成功应用,制备面积较大的高质量单(薄)层石墨烯一直是众多科学家想要努力突破的一个重大科学难题。Coraox 研究组利用气相低压沉积法在特种衬底的表面成功地获得了石墨烯薄膜,扫描电子显微镜图片显示所制备的石墨烯可以越过金属阶梯生长成缺陷密度低的单层碳结构膜,而且可达到微米量级。随后又有报导指出,在 Ru 金属(0001)衬底的表面上制备出了毫米量级的单层石墨烯片层。近两年,Nature,Science 等权威期刊上都报道过 Kong 小组和 Kim 等人各自采用气相沉积法成功地在多晶 Ni 衬底薄膜上生长出少数层石墨烯(few-layer graphene),且所制备的石墨烯面积增加到厘米数量级的尺寸。同样,在 Cu 箔基底表面上采取气相沉积法也可以成功地制备出大尺寸、高质量的石墨烯膜,而且所制备的石墨烯主要是单层结构。可见选择合适的制备条件和基底就可以控制合成出尺寸较大、优质的石墨烯薄膜。

首先,采用甲烷作为碳源,在 1 000 ℃时用多晶 Ni 薄膜气相沉积石墨烯,其尺寸可达到厘米量级,反应一段时间后在金属表面形成大面积的少数层石墨烯薄膜,并将其成功地转移到 SiO_2 衬底上。气相沉积的衬底并不仅限于多晶 Ni 薄膜,2009 年,Ruoff 课题组研制出碳氢化合物高温下在 Cu 基底上催化分解生成石墨烯,为大面积石墨烯的制备提供了新思路。他们展示出采用 CVD 方法在 Cu 箔上生长的规整的大面积单层石墨烯,面积为 1 cm^2,而且所获得的大部分都是单层石墨烯,如图 2.13 所示。

2010 年,佛罗里达国际学院的 Choi 课题组报道了他们在大面积石墨烯薄膜制备方面所取得的突破性进展,具体工艺过程如图 2.14 所示。他们将面积为 15 cm×5 cm 的 Cu 箔轧制后放入 5.08 cm 的石英管式炉中 CVD 生长石墨烯,然后转移到柔韧的聚合物基体上采用叠层热压的方法获得了大面积的石墨烯薄膜。他们的工作证明,大面积石墨烯在柔韧的薄膜上可以作为透明导体的阳极,应用于透明场发射装置的集流体。

近两年国内外权威期刊都报道过关于使用已制成的石墨烯再度成膜的相关研究。2008 年,我国中科院物理研究所的王恩哥院士组,通过应用组装 LB 膜的技术,将悬浮在溶剂里的石墨烯一层一层地转移到固体表面,制成大尺寸的导电透明膜,并研究了膜厚与光学透过率的关系。2010 年,Tzalenchuk 的研究小组成功地制备了面积约为 50 m^2 的单层石墨烯,

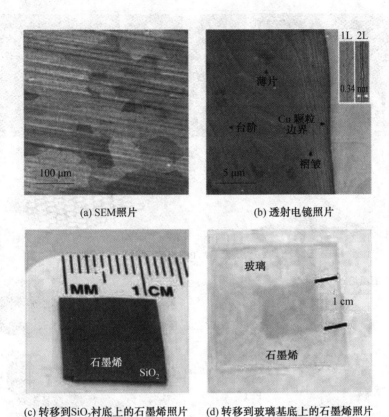

(a) SEM照片　　　　　　　(b) 透射电镜照片

(c) 转移到SiO₂衬底上的石墨烯照片　(d) 转移到玻璃基底上的石墨烯照片

图 2.13　Cu箔上CVD石墨烯的照片

研究出石墨烯面积扩展和质量提升的方法。

化学气相沉积法可以制备出大面积连续且性能优异的石墨烯薄膜半导体材料,而且现有的半导体加工技术也可以对石墨烯薄膜材料进行剪裁和修饰,使得化学气相沉积法制备出的石墨烯材料在微电子领域有着巨大的应用潜力。然而化学气相沉积法制备石墨烯的途径还在进一步的探索、完善之中,现段的工艺仍不够成熟,同时较高的成本也限制了其大规模应用。

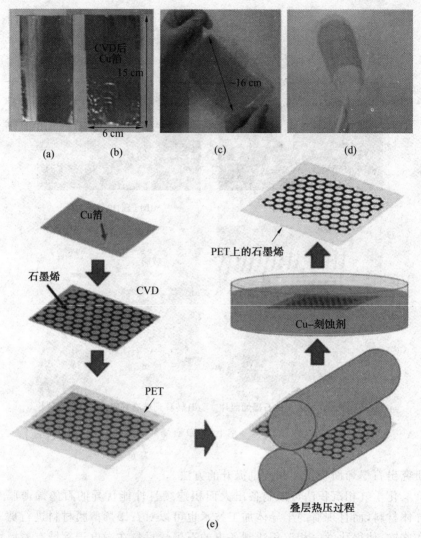

图 2.14　叠层热压法制备大面积石墨烯工艺过程

(a)，(b)分别为 CVD 生长石墨烯前后 Cu 箔的照片；(c)和(d)为在柔韧的基底

上生长大面积石墨烯薄膜；(e)叠层热压装配石墨烯-PET 薄膜的过程

2.3.2　等离子增强法

等离子增强技术(PECVD)在常压下即可操作，目前发展很快，制备纳米结构材料通常都会用到等离子增强技术。例如，等离子增强化学气相沉积法可以制备具有三维结构的碳纳米片层，纳米金刚石、纳米铝颗粒和氮

化硼颗粒等纳米材料。

在利用传统的化学气相沉积技术的同时,也可借鉴碳纳米管制备工艺,辅助以等离子增强技术,实现石墨烯的低温合成。例如,通过在气相反应过程中引入等离子体,可以在无基底或无催化剂的条件下裂解有机碳源(如乙醇)合成石墨烯。反应装置为一个常压微波等离子反应器,如图2.15所示。通入氩气以生成氩等离子体,注入碳源——乙醇。乙醇在等离子体中快速蒸发并裂解,结晶长成石墨烯,如图2.16所示。从图2.16可以看出,与普通的化学气相沉积法制备的产物形态不同,石墨烯片层堆叠排列、相互搭接,形成三维多孔结构。这种结构将在场发射器和超级电容器电极材料等方面具有重要的应用。

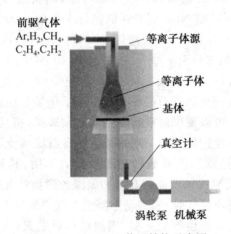

图 2.15 PE CVD 装置结构示意图

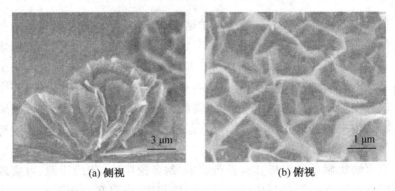

图 2.16 等离子增强化学气相沉积法制备石墨烯的 SEM 照片

2.3.3　火焰法

火焰法是利用特定物质在空气或其他助燃气体中燃烧产生热,获得高温,使分解出的反应物发生化学反应来合成材料的一种方法。这是一种自蔓延过程,反应物既充当燃料提供反应所需的能量,又充当原料提供反应的产物。反应过程一次性完成,具有设备和工艺过程简单、节约能源、速度快、产量高等特点。因此,火焰法制备纳米材料特别适合于工业化连续生产。碳氢化合物的火焰可以产生高温和大量的碳原子团簇,在适当的工艺条件下可以制备富勒烯、碳纳米管、非晶碳薄膜等纳米碳材料。

前面介绍了利用化学气相沉积法可以在 Ni 表面制备石墨烯,利用双火焰法,也可以在 Ni 箔表面制备石墨烯薄膜,制备过程如图 2.17 所示。首先将 20～50 μm 厚的 Ni 箔固定在酒精灯上方的支架上,然后点燃丁烷喷灯,将喷灯火焰对准 Ni 箔和酒精灯,酒精灯被点燃,内焰包裹 Ni 箔,同时 Ni 箔被喷灯火焰加热至 850 ℃左右,加热 20～60 s 后,熄灭丁烷喷灯,同时迅速将酒精灯用灯罩盖灭。待 Ni 箔迅速冷却后,其表面就会析出一层石墨烯薄膜。火焰法制备石墨烯薄膜模拟了化学气相沉积的制备过程,碳氢化合物的火焰可以提供渗碳所需的温度和碳源,相互交叉的两个火焰为制备过程创造了保护性气氛。双火焰法制备石墨烯使用两个火焰,其中丁烷喷灯焰为"加热焰",主要起加热和渗碳的作用,其外焰温度为800～1 000 ℃,为渗碳反应提供所需的高温和碳源。酒精灯火焰为"保护焰",由于其内焰始终为还原性气氛,起到动态隔绝空气中氧气的作用。熄灭火焰的方式对石墨烯的制备也至关重要,用酒精灯罩盖灭,在灯罩形成的封闭空间内氧气被火焰耗尽,Ni 箔在相对惰性的气氛下快速冷却析出石墨烯薄膜。

通过控制火焰法放大装置中保护焰和加热焰的尺寸,可以扩展制备石墨烯的面积。图 2.17(c)即为从 Ni 片上转移下来的面积达到平方厘米量级的石墨烯薄膜漂浮于水面的照片。双火焰法制备的石墨烯主要为少数层石墨烯,在优化的条件下也可以制备单层石墨烯薄膜。将"保护焰"中的乙醇改为吡啶或乙腈等含氮元素的碳源,还可以制备氮掺杂的石墨烯薄膜,氮元素在加热时与碳一同掺入 Ni 晶格中,降温时与碳一同析出并掺杂在石墨烯晶格中。

双火焰法制备石墨烯具有设备简单、制备速度快、节约能源、可实现过程连续化等优点。但是与化学气相沉积法相比,也存在一些不足:

①碳氢化合物在空气中的火焰为扩散焰,其各部分的温度和成分不

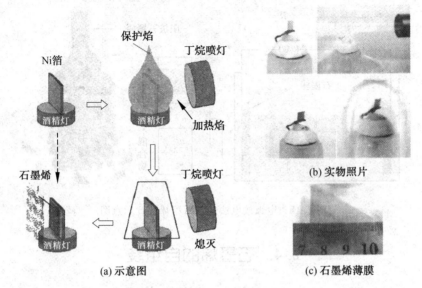

图 2.17 双火焰法制备石墨烯

同,所制备的石墨烯薄膜的均匀性和连续性不如化学气相沉积法;

②火焰法制备过程中加热温度和冷却速度难以控制,制备石墨烯薄膜的稳定性还有待进一步提高;

③在空气中燃烧的火焰的不完全燃烧会造成碳黑的沉积,氧的扩散对石墨烯的氧化也不能完全避免,最终制得的石墨烯晶化程度和纯净度远不如化学气相沉积法。

2.3.4 电弧放电法

电弧放电法也是一种制备碳纳米材料的典型方法。该方法以惰性气体(Ar 气、He 气)或氢气为缓冲气体,两个石墨电极间形成等离子电弧。随着放电的进行,阳极石墨不断消耗,在阴极或反应器内壁上沉积形成碳,如图 2.18 所示。电弧放电法曾被用于制备薄层石墨片,在 H_2 气或 He 气中对石墨电极进行大电流(>100 A)、高电压(>50 V)的电弧放电,在反应室的内壁上可获得石墨烯。

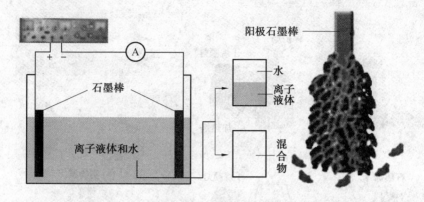

图 2.18　电弧放电法制备石墨烯装置示意图

2.4　石墨烯的自组装

纳米材料的自组装是纳米材料领域的研究重点。自组装(self-assembly)是指基本结构单元(分子、纳米材料、微米或更大尺度的物质)自发形成有序结构的一种技术。在自组装的过程中,基本结构单元在基于非共价键的相互作用下自发地组织或聚集为一个稳定的,具有一定规则几何外观的结构。自组装过程并不是大量原子、离子、分子之间弱作用力的简单叠加,而是若干个体之间同时自发地发生关联并集合在一起形成一个紧密而又有序的整体,是一种整体的复杂的协同作用。石墨烯可以视作一种二维大分子,其边缘存在大量悬键及官能团,在利用软模板和界面作用条件下,具有自组装的潜力,可以形成管状、球状、薄膜状的自组装体。同时,作为碳材料基本组成单元,石墨烯在金属催化剂作用下也有形成具有特殊形态微纳米碳材料的潜力。

2.4.1　管套管结构及静电自组装

通过在碳纳米管的管壁两侧的石墨烯纳米片层自组装,用来制备新型的管套管纳米结构。这种方法借助硝酸的插层剥离作用,石墨剥离形成纳米级的石墨烯,同时在这一过程中石墨烯边缘被引入羧基和羟基。在特定的酸催化酯化反应过程中,改性后的石墨烯在开口碳纳米管的内部和外部自组装,得到一种结构良好的管套管纳米结构的组装体。

2.4.2 薄膜材料及界面自组装

通过静电相互作用制备石墨烯薄膜材料是石墨烯自组装领域的研究重点。氧化石墨烯表面及边缘位带有大量的羧基、羟基官能团,在中性或者碱性环境下表面带负电,并在超声波作用下形成纳米级的分散体。利用溶剂蒸发、重力沉降、流体力学、界面富集等作用,可以实现氧化石墨烯自发、负压作用下有序排列,从而得到石墨烯薄膜材料。

通过静电作用制备石墨烯薄膜的方法主要包括:两相界面法、模板法和过滤法。

1. 两相界面法

两相界面法是利用具有亲水性(极性)或疏水性(非极性)的特性结构分子,在气-液界面、液-液界面处,借助外加机械力、溶剂挥发、分子富集等作用而得到自组装体的方法。利用 Langmuir-Blodgett 技术,通过在界面张力作用下液相和气相界面处的两性物质结构形成紧密规则的分子排列,然后再将其转移至固体模板上,得到单层或多层薄膜。例如,在水与氯仿的界面处,以界面能为驱动力,使得疏水的石墨烯平面展开并紧密排列后转移到基体上可形成大面积单层薄膜,其电导率超过 1 000 S·cm^{-1},550 nm 波长下透光率达到 70%,可以作为液晶、太阳能板用 ITO 靶材。而利用液-液界面的毛细作用可得到有序阵列的石墨烯自组装体。

2. 模板法

模板法是以有机分子或无机刚性材料为模板,通过氢键、离子键、范德瓦耳斯力等作用力,在溶剂辅助环境下使得模板剂对游离状态下的无机或者有机前驱体通过限制空间方式引导,从而形成具有纳米有序结构的薄膜或者体状材料。该方法主要用于有序介孔碳的合成,也被用于富勒烯和碳纳米管有序阵列的制备。例如,利用氨基功能化处理硅基板,在氧化石墨烯的悬浮液中,通过静电相互作用,在硅基板表面生长一层氧化石墨烯,再接枝氨基化碳纳米管,得到透光率极佳的石墨烯-碳纳米管杂化薄膜。

3. 过滤法

过滤法利用滤液排出的负压使得悬浮液中的纳米粒子或大分子空间减小,被微孔滤膜截留沉积于滤膜表面,并在溶剂流动中定向排列得到有序纳米结构薄膜。此法曾被用于碳纳米管巴基纸及硅石无机薄膜的制备。例如,通过氧化石墨烯胶状悬浮液进行阳极膜过滤,制备了堆叠式无支撑石墨烯纸。力学性能测试表明,这种方法制备的石墨烯纸具有良好的力学性能,拉伸模量高达 42 GPa,并具有独特的自增强行为。过滤法通过流体作用将二维氧化石墨烯连锁瓦片式堆叠,可以得到具有一定厚度,良好力学性能的无支撑纸状材料,还可以通过悬浮液原位或后续碳化处理来调控薄膜导电率。

4. 协同组装

协同组装是通过在 $Na_{0.44}MnO_2$ 等纳米线中引入氧化石墨烯,发现纳米线可以被石墨烯大分子改性,在气-液界面发生富集并定向排列,从而推测石墨烯大分子改变了纳米线的表面结构,当石墨烯浓度达到一定临界值时,原本杂乱排列的纳米线在 Onsager 理论下自组装为纳米线阵列。

5. 卷曲结构自组装

早在碳纳米管发现之初,人们就认为碳纳米管是由二维石墨烯卷曲而成,理论计算与实验都证实了这种推测。采用数学模拟计算的方法研究通过石墨烯制备纳米卷曲结构的可能性,认为这种卷曲结构可以被用来作为储氢和储能材料,并且其电子性能与纳米卷曲结构手性特征有关。与单壁纳米碳管相比,摇椅型和锯齿型的纳米石墨烯卷曲结构具有更高能态费米量级,更小的半导体能隙。例如,利用发烟硝酸和臭氧氧化制备插层化合物(一阶硝化石墨,呈现蓝色),得到的产物溶解于乙醇溶液,在大量氮氧化物和二氧化碳气氛中,水热处理条件下,石墨片层被剥离成为石墨烯,使用超声波处理制备纳米石墨烯卷曲组装的示意图,如图 2.19 所示。

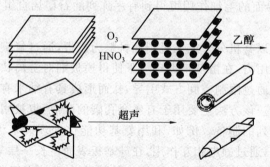

图 2.19　使用超声波处理制备纳米石墨烯卷曲组装的示意图

以上介绍的石墨烯制备方法各有利弊,其中微机械剥离法和有机合成法虽然可以制备出纯度高的单层或薄层石墨烯,但产率较低。化学气相沉积法和纳米金刚石转化法则需要较高的制备温度,能耗较高,前者以樟脑(萘)作为主要碳源在 770 ℃下热解得到,后者则利用纳米金刚石在 1 650 ℃下退火得到,产物常伴有金刚石杂质。氧化石墨剥离法被认为是大量制备石墨烯最有效的方法,但存在制备周期长,副产物多的缺陷,尽管如此,目前应用的石墨烯大多还是使用氧化石墨剥离法制备的。

综上所述,制备石墨烯的基本思路有两个,即自下而上和自上而下制备石墨烯。

(1)自下而上制备石墨烯。

自下而上在特定的基底上利用小分子碳源原位生长石墨烯,如化学气相沉积法、有机合成法等。化学气相沉积法是很成熟的石墨烯制备方法,石墨烯的产量、纯度和连续性较高,实验方法与碳纳米管的制备工艺兼容。但是需要预先沉积催化剂,反应需高温。而有机合成法工艺过程又相对比较复杂,还涉及有机物大分子的光解吸与电离,过程不易控制,且成本较高。自下而上的碳原子生长途径制备石墨烯的原料多为含碳化合物,原理是破坏碳源物质的化学键力,将含碳化合物分子变为碳原子,在合适的催化剂以及反应条件下生长石墨烯。其原理决定了该类方法的优缺点。优点是从碳原子出发自下而上制备,所获得的石墨烯质量高,面积比较大,层数为单层或者少数层,而且可以通过催化剂的选择与处理、温度、气体流速等参数对石墨烯的生长进行调控。缺点是该类方法需要克服化学键力,能耗比较大。但是,加热 SiC 以及化学气相沉积法是工业上比较成熟的方法,便于改装和进行规模化生产。可以预见的是这类方法在需要高质量石墨烯的光学以及微电子领域必将发挥重要作用。

(2)自上而下制备石墨烯。

自上而下以石墨(或碳纳米管)为原料,横向(或纵向)剥离,将石墨打碎、分散成单层或少数层的石墨烯,如用机械剥离法、液相剥离法、氧化还原法和静电沉积法等。机械剥离法的优势在于操作简便,成本低,但产量极低。氧化还原法是一种高产量的石墨烯制备方法,但是石墨氧化物绝大部分是绝缘体,还原难以充分进行,官能团的引入会破坏石墨烯的晶体结构,对石墨烯的电学特性有很大的影响。静电沉积法可以通过控制电压的大小直接控制石墨烯的层数,制备出的石墨烯结构十分紧凑,几乎没有缺陷,工艺也较为简单,但需要几千伏的高压,产量极低,一般不被采用。液相剥离法可制备高质量的石墨烯,工艺相对简单,但是超声分离时,需将块体石墨打碎,所得到的石墨烯的尺寸受到了制约。碳纳米管转化法的产率较高,可批量获得尺寸可控、边缘整齐的石墨烯纳米条带。自上而下制备石墨烯的原料是石墨,原理是破坏石墨层间的范德瓦耳斯力,将石墨的层状结构分开,从而生成石墨烯。原料来源广泛,价格便宜,处理方法简单,破坏的是范德瓦耳斯力,能耗小,便于大规模制备,制备的石墨烯也便于官能团化及化学改性,特别是从石墨到氧化石墨再到石墨烯的技术路线被认为是下一步大规模应用所需石墨烯的重要制备方法,可以广泛的应用于储氢材料、电化学传感器、储能材料、复合材料以及纳米填料等领域。但是生成的石墨烯或多或少都有一些在化学处理过程带来的缺陷以及残余的基团,虽然可以通过还原处理来减少其影响,但是限制了其在需要高质量石墨烯的光学以及微电子领域的应用。

自下而上和自上而下的石墨烯制备方法各有优缺点,前者成本高,制备的石墨烯可以方便地应用于光学以及微电子领域;后者成本低廉,制备方法简单,适合大规模生产。

石墨烯制备工艺的突破将极大地推动后续相关领域的应用研究,同时还会对相关学科发展起到积极的推动作用。目前,要获得高晶化程度、高质量和高纯度的石墨烯,其制备方法还有待进一步改善,制备过程中还有很多尚待解决的问题,在工艺的优化和新方法的探索上仍有极大的发展空间。

第3章　石墨烯基杂化材料的
制备和功能化

石墨烯不亲水也不亲油,层与层之间有一定的范德瓦耳斯力,相互之间容易产生团聚。由石墨剥离的片层如果不经过处理,难以保持在水中或者聚合物基体中的单片分散状态,自然会重新聚合在一起,形成块状或者团状。因此,石墨烯表面又呈惰性状态,与其他介质界面相容性较差,难以分散在水中或者其他常用的有机溶剂介质中。这就需要对石墨烯在亲水性或者亲油性方面进行改善,降低其在应用上的限制,使石墨烯在与其他材料复合后发挥优越性能。

晶体结构相对完美的石墨烯除了能够吸附 CO,NO,NO_2,O_2,N_2,CO_2,NH_3 等气体分子外,表面化学反应活性较低,因此,要制备出含有功能性的石墨烯基杂化材料就需要对石墨烯表面进行活化。石墨烯因为同时具有面内的碳-碳 σ 键和面外的 π 电子,因此,它不仅具有很高的结构稳定性以及热和化学稳定性,同时对其进行适当的官能团修饰还可以获得丰富的化学活性。

通过对石墨烯衍生物的大量实验研究,证明对氧化石墨烯官能团进行改性具有可行性。通过石墨烯表面的活性基团,如羰基、羧基和环氧基等,能在石墨烯表面引入许多具备特定功能的物质,比如,高分子、无机粒子、生物分子以及探针分子等,使石墨烯功能化。石墨烯分子具有特定的电子和原子结构,对石墨烯的改性可实现对其性能和功能的调整,使石墨烯具有更加丰富的应用和功能。正是由于氧化石墨烯薄片上存在这样大量的活性基团,使原本显得惰性的石墨烯表面也变得非常有活性。所以基于这种活性基团的化学反应自然也是多种多样的。

比较前面介绍的石墨烯制备方法,石墨烯的杂化方式可以通过表面改性、化学掺杂、聚合物基的功能化、物理修饰等来实现,从而获得性能多样的石墨烯材料。氧化-还原法制备的还原的氧化石墨烯(RGO)内部含有少量含氧基团或掺杂了异核原子,这些基团或异核原子的引入大大地提高了 RGO 的亲水性和在水等极性溶剂中的分散性,也大大提高了石墨烯与金属、金属氧化物、有机小分子或高聚物分子之间的相互作用力,这样为制备石墨烯基杂化材料提供了可能。由于氧化-还原法制备的 RGO 最容易产生结构杂化,所以可以用聚合物、无机材料、磁性纳米粒子(如 Fe_3O_4 修饰)等进行修饰。从功能化的方法来看,主要分为共价键功能化和非共价键功能化两种。

3.1 石墨烯的表面修饰

首先,在边界通过引入官能团反应的方式进行化学改性是石墨烯表面化学改性的重要方式之一。在石墨烯的边缘接入硝基或者甲基基团,可以在石墨烯纳米结构上实现半金属性质。例如,采用氨基硅氧烷和氨基酸对氧化石墨烯表面和边缘进行改性,并对改性的氧化石墨烯进行还原,改性后的石墨烯可以相对稳定地溶解在溶剂中。此外,采用长链烷基也可以对石墨烯纳米层进行改性。选用十八胺(ODA)改性氧化石墨烯的表面合成出长链烷基化学改性的石墨烯,厚度小于 0.5 nm。测试表明,这种改性的石墨烯可以稳定地分散于四氢呋喃和四氯化碳这样的有机溶剂中。选用异氰酸酯这类有机小分子与氧化石墨烯片层边缘的羧基进行反应,可以成功地制备出一系列异氰酸酯表面改性的石墨烯,实现异氰酸酯的功能化,这种改性产物能非常稳定地分散在二甲基甲酰胺这样的溶剂中。

石墨烯表面改性后,由于引入其他官能基团,往往导致石墨烯大 π 键共扼结构被破坏,严重地减弱了石墨烯的电学性能以及其他性能。Samulski 小组研发了一种新的化学改性方法使得在实现化学改性的同时又让石墨烯的原生特性保持下来。他们选取硼氢化钠还原氧化石墨烯,然后在冰浴中对产物进行 2 h 的磺化,最后选用联氨为还原剂进行化学还原,成功地制出石墨烯的磺酸基改性产物。这种方法将改性石墨烯片层上大多数含氧基团都除去,极大程度地还原出石墨烯原本的 π 键共轭结构。测试结果显示,产物导电性有明显提高,达到 $1\ 250\ S \cdot m^{-1}$。同时因为表面引入亲水基团磺酸基,所以产物也极大地提高了水分散性,有利于进一步的应用和研究。

3.1.1 氧化石墨烯

石墨各片层之间是通过范德瓦耳斯力(Van der Waals)相互作用形成间距为 0.34 nm 的紧密结合体。鳞片石墨在强氧化剂的作用下,形成一种石墨衍生物——氧化石墨。如第 2 章所述,目前,氧化石墨的制备方法主要有三种:Brodie,Standenmaier 和 Hummers 法,其中 Hummers 法制备过程的时效性相对较好，而且制备过程也比较安全，是目前最常用的一种方法。经过氧化处理后，氧化石墨仍保持石墨的层状结构，但在每一层的石墨烯单片上引入了许多含氧基官能团。这些含氧基官能团的引入使得单一的石墨烯结构变得非常复杂。鉴于氧化石墨烯在石墨烯材料领域中的地位，许多科学家试图对氧化石墨烯的结构进行详细而准确的描述，以便于对石墨烯材料的进一步研究。虽然已经利用计算机模拟、拉曼光谱、^{13}C核磁共振等手段对其结构进行了分析，但由于不同的制备方法，实验条件的差异，以及不同的石墨来源等对氧化石墨烯的结构都有一定的影响，因此氧化石墨烯的精确结构还无法得到确定。

早在1859年，英国化学家B. C. Brodie就研究了石墨在硝酸环境下与$KClO_3$的反应。Brodie等人发现反应的产物是碳、氢、氧的化合物，具有水溶性，但是在酸性溶液中不溶，其化学配比为$C_{2.19}H_{0.80}O$。经过220 ℃处理后，其化学配比变为$C_{5.51}H_{0.48}O$。由于19世纪实验技术和条件的限制，Brodie无法获得氧化石墨的具体结构信息，并且错误地预测了石墨的分子量。

1939年，Hofmann和Holst根据实验结果提出了氧化石墨烯的原子结构，如图3.1(a)所示。在Hofmann模型中，环氧基团周期性地结合在石墨烯表面，并具有化学配比C_2O。1946年，Ruess在氧化石墨烯中观察到氢元素而提出了新的模型。除环氧基之外，Ruess认为在石墨的表面还有大量的羟基存在。Ruess模型的具体结构如图3.1(c)所示。从图中可以看出，Ruess模型与Hofmann模型相比，石墨保持的平面不同，Ruess模型中的碳原子具有sp^3杂化特性，即正四面体结构。1969年，Scholz和Boehm去除了前两种模型中的环氧基和醚基，并以醌基团替代，提出了图3.1(b)所示的环氧基和羟基交错的结构模型。Nakajima和Matsuo根据进一步的研究结果提出了类似于插层石墨的结构模型，如图3.1(d)所示。

以上四种早期提出的氧化石墨烯结构都是周期性的晶体结构，具有固定的化学配比。而目前比较公认的模型则大多为无序的氧化石墨烯模型，例如最为常用的Lerf和Klinowski模型，如图3.2所示，包含石墨烯表面随机分布的环氧基、羟基和边缘的羧基。在Lerf-Klinowski模型的基础上后人做了进一步修正，例如引入碳五元环结构、酯类基团等。此外，值得关注的还有Dékány及其合作者延续Ruess和Scholz-Boehm结构模型，提出的由环己基链接的类醌结构。图3.2为Dékány提出的氧化石墨烯结构是一个非平面结构。

氧化石墨片作为石墨烯制备过程中的中间产物，近几年来又引起了研

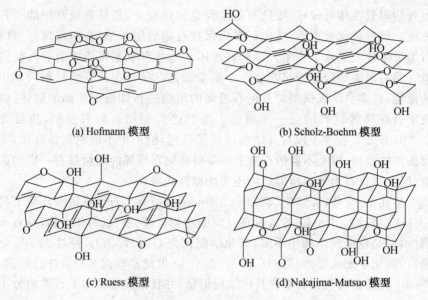

(a) Hofmann 模型　　　　　　　(b) Scholz-Boehm 模型

(c) Ruess 模型　　　　　　　(d) Nakajima-Matsuo 模型

图 3.1　早期提出的氧化石墨烯结构的原子模型

究者的广泛关注,先后提出了多种氧化石墨烯的分子结构模型,目前普遍接受的结构模型是在氧化石墨烯单片上随机分布着羰基和环氧基,而在单片的边缘则引入了羧基和羟基。2006 年,Li 等人根据氧化石墨材料在光学显微镜下表现出来的线状缺陷进行了第一性原理的计算研究,发现这些线状缺陷是排成一列的环氧基结构,如图 3.3(a)中亮度较高的线。因为环氧基的形成会打开碳原子之间原来形成的 sp^2 键,从 0.14 nm 增大至 0.23 nm,形成一个小型的裂纹。当环氧基密度增加时,这些环氧基造成碳-碳键断开,排成一列的构型具有更低的能量。

2008 年,Pandey 等人利用超高真空扫描隧道显微镜观察发现氧化石墨烯具有局部的晶体结构。如图 3.3(b)所示,氧原子规则地以环氧基团的形式排列。其晶格常数 $a=0.273$ nm,$b=0.406$ nm,接近于石墨烯的晶格常数。因此可以推断此时环氧基中的碳-碳键并没有断开,这与 Li 等人在氧化石墨材料中观察到的结果是相悖的。为了进一步研究氧化石墨烯的原子结构,徐志平和薛琨等人采用第一性原理的方法对氧化石墨烯结构及其能量与氧化密度的关系进行了定量的计算分析。结果表明,当氧化密度较高时,即对于 $C_nO(n<4)$,氧化石墨烯具有两个局部稳定的状态,其中碳-碳键打开的结构较未打开的结构更为稳定,但两者之间存在一个高达 0.58 eV 的势垒,因此,碳-碳键未打开的结构也可以稳定地存在。图

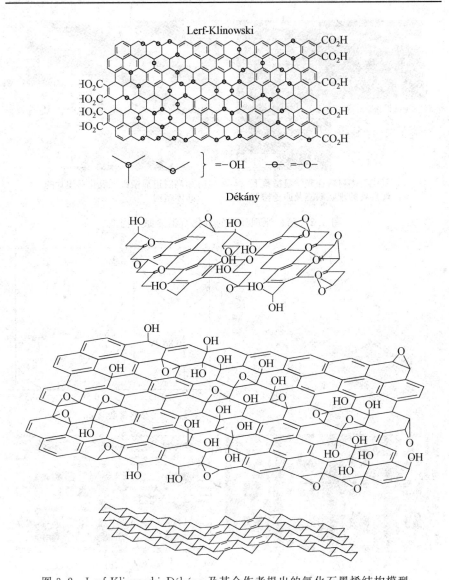

图 3.2　Lerf-Klinowski,Dékány 及其合作者提出的氧化石墨烯结构模型

3.4为相应的原子结构及第一性原理模拟得到的扫描隧道显微镜图像。

　　石墨烯被氧化后的物理化学性质发生显著的改变。图 3.5 中给出了具有规则排列环氧基结构的氧化石墨烯在单向拉伸载荷作用下的应力-应变关系。从图中可以看出,首先是环氧基中的 C—O—C 键角发生弯曲,而氧原子向石墨面内方向运动,由此得到其杨氏模量为 610 GPa,较石墨烯的1 060 GPa低。在高载荷下氧原子与石墨烯中的碳原子共平面,而后

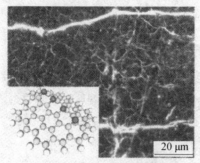 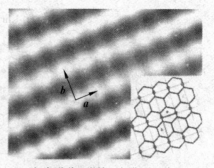

(a) 氧化石墨材料在光学显微镜下　　　(b) 超高隧道显微镜下氧化石墨片的
　　观察到的现状缺陷及原子构型　　　　　　晶体结构

图 3.3　第一原理计算的氧化石墨烯原子构型

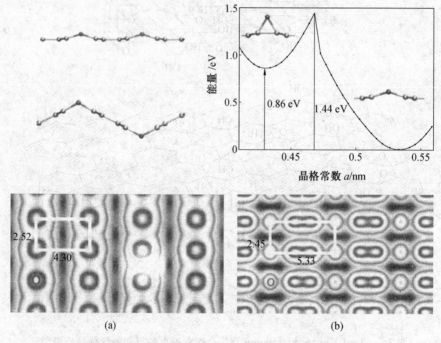

图 3.4　氧化石墨烯的结构及其扫描隧道显微镜模拟图像

材料的断裂从碳-碳键处开始,于是其拉伸强度与石墨烯相比并无大的改变。此外,石墨烯的电子结构也因环氧基的引入而出现很大的变化,使石墨烯从零带隙金属变为半导体。在图 3.4 所示的规则氧化石墨烯中,能隙随着环氧基密度的减低,即相邻环氧基团间距离的增大而变小。

下面介绍氧化石墨烯的表面化学反应。

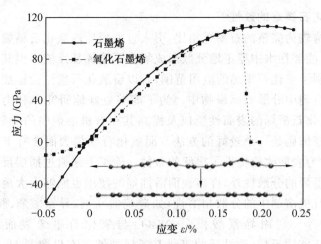

图 3.5 石墨烯在拉伸载荷下的变形及应力－应变关系

由于在石墨烯片上引入了大量的氧基活性官能团,使得原本较为惰性的石墨烯表面变得异常活泼,基于这些活性官能团的化学反应也因此丰富多样。通过这些活性官能团,可以在石墨烯的表面负载许多具有特定功能的物质,比如生物分子、探针分子、高分子、无机粒子等,从而获得性质多样的石墨烯材料,而通过适当的化学处理将这些氧基官能团去除,就可以得到石墨烯单片。

1. 氧化石墨的插层反应

氧化石墨已被广泛地用于作为主体制备基于氧化石墨的层状复合材料,特别是在 2007 年以前,氧化石墨作为插层主体得到了很大的关注。由于组成氧化石墨的各单片上镶有许多极性基团,且片与片层之间的作用力相对较低,所以氧化石墨烯很容易吸收其他极性分子,如烷基胺、阳离子表面活性剂、阴离子粘土、长链脂肪烃、过渡金属离子、亲水的小分子等,形成氧化石墨嵌入复合材料。除了利用小分子与氧化石墨烯反应获得插层的氧化石墨外,高分子聚合物也可以通过与氧化石墨烯表面官能团反应而插层到氧化石墨中,如高分子电解质、聚乙烯醇以及能够提高氧化石墨导电率的导电高分子聚苯胺等。由于与氧化石墨烯表面官能团反应的化学物质种类很多,通过选择反应分子的大小和类型,可以对氧化石墨烯单片之间的层间距以及其物理化学等性质进行相应的调整。因而这些官能团的存在,大大地提高了石墨烯的灵活性,拓展了插层氧化石墨的功能,从而使得氧化石墨烯的层状物质在离子交换、吸附、传导、分离和催化等诸多领域具有广阔的应用前景。

2. 氧化石墨烯的改性

与结构较为完整的石墨烯相比,引入官能团后的氧化石墨烯具有较强的亲水性,能够在水中稳定地分散形成氧化石墨烯悬浮液。但其较弱的亲油性也限制了氧化石墨烯的应用范围,难以将氧化石墨作为添加剂添加到仅在有机溶剂中分散的高聚物中。为了能够更好地研究和利用氧化石墨烯,丰富氧化石墨烯的表面性质以及提高其在有机溶剂中的分散性,对其进行表面修饰则是一个较好的方法。而氧化石墨烯表面含有丰富的活性官能团,这为表面改性提供了很好的条件。除了上述通过插层反应可以提高氧化石墨烯的分散性外,许多表面活性剂的使用也能够大大地提高氧化石墨烯在有机溶剂中的分散相溶性,如硅烷偶联剂、异氰酸酯、胺盐、高分子活性剂等。利用异氰酸根(—NCO)与氧化石墨烯表面的—OH,—COOH官能团反应,改性后的氧化石墨烯能够在有机溶剂 N,N-二甲基二氯酰胺中稳定地分散,如图 3.6 所示。除了通过表面修饰提高氧化石墨烯在不同溶剂中的分散性和相溶性外,最近的研究发现氧化石墨烯仅通过超声就可以稳定地分散在一些有机溶剂中(如乙二醇、N,N-二甲基二氯酰胺、四氢呋喃、N-甲基吡咯烷酮等),形成稳定的氧化石墨烯悬浮液。这一研究成果简化了氧化石墨烯在表面处理过程中的时效,为氧化石墨烯的进一步研究和应用提供了很好的基础。事实上,通过表面修饰除了能改变氧化石墨烯的分散性能外,还能够将具有一定性质和功能的物质接枝到氧化石墨烯表面,比如生物分子、具有特殊功能的高分子等,从而制备出具有不同性质、不同功能的石墨烯。

目前关于功能性修饰氧化石墨烯的研究还刚刚开始,许多工作还处在提高氧化石墨烯在溶剂中的相溶性的阶段,相信氧化石墨烯的表面修饰或功能化研究将会得到进一步的提升。

3. 氧化石墨烯的还原

目前,氧化石墨烯最具有吸引力的用途就是它可以作为制备石墨烯材料的前驱体。由于氧化石墨烯及其改性后的衍生物能够在不同极性溶剂中分散,形成稳定的氧化石墨烯悬浮液,这为大规模制备石墨烯以及基于石墨烯的复合材料提供了一个非常重要的战略步骤。通过选择合适的还原剂和反应条件,将氧化石墨烯表面的含氧官能团去除,就可以获得稳定的石墨烯悬浮液,这对石墨烯的制备、性能研究、石墨烯基复合功能材料的制备等都具有非常重要的意义。尽管利用氧化石墨烯制备的石墨烯存在一定的结构缺陷,但这并不影响氧化石墨烯作为合成石墨烯基材料的重要原料。

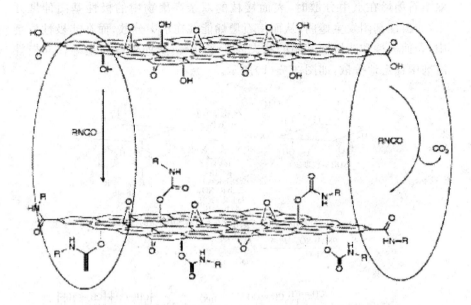

图 3.6 利用异氰酸酯改性氧化石墨烯的反应示意图

在石墨烯的化学制备研究中,氧化石墨烯由于特殊的结构和性能成为制备和研究石墨烯基材料的一个重要前驱体。由于在石墨烯表面引入了活性较高的含氧官能团,使氧化石墨很容易在溶剂中分散剥离,形成稳定的氧化石墨烯悬浮液。通过控制条件还原这些含氧官能团,就可以获得石墨烯薄片。如利用水合肼在 80～100 ℃加热的条件下还原氧化石墨烯制备出了石墨烯薄片。然而,由于石墨烯片层之间具有较强的范德瓦耳斯力,在没有任何保护剂存在的条件下,石墨烯之间很容易发生团聚和堆砌,这对石墨烯的应用带来了一定的障碍。通过在石墨烯表面利用物理或化学作用引入分子,可以阻碍石墨烯片层之间的团聚,从而得到较为稳定的石墨烯悬浮液。如在水合肼还原氧化石墨烯方法的基础上加以改进,即在还原的过程中添加特定高聚物——聚苯乙烯磺酸钠,使其吸附到还原后的石墨烯表面,从而阻碍了还原后石墨烯片层之间的团聚,获得了在水溶液中稳定分散的石墨烯悬浮液。

除了制备能够在水中稳定分散的石墨烯外,在有机溶剂中获得稳定分散的石墨烯也具有重要的实际应用价值。如图 3.7(a)所示,通过化学还原表面改性后的氧化石墨烯,可以获得在有机溶剂中稳定分散的石墨烯悬浮液。此外,通过在石墨烯的表面共聚接枝双亲高分子可以制备出既能在水中分散又能够在非极性溶剂二甲苯中分散的双亲石墨烯。这是由于当双亲石墨烯在水中分散时,表面接枝的双亲高聚物中的极性基团伸展开来,非极性基团发生蜷曲,从而使石墨烯能够在水中分散;而在非极性溶剂中,表面极性和非极性基团的状态发生了逆转,从而使得石墨烯在非极性溶剂中稳定地分散,如图 3.7(b)所示。

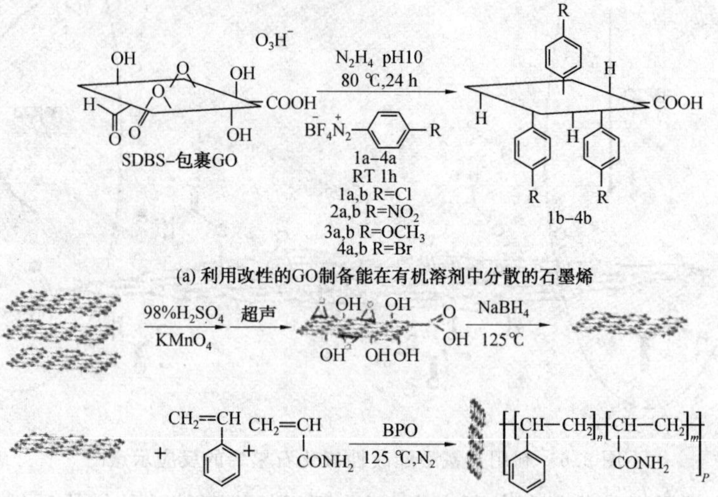

(a) 利用改性的 GO 制备能在有机溶剂中分散的石墨烯

(b) 双亲石墨烯制备过程

图 3.7　有机溶剂中稳定分散石墨烯制备过程示意图

制备稳定分散的石墨烯的方法中,外来活性剂或高分子的引入对石墨烯的稳定剥离分散起到了非常重要的作用。但由于无法排除和预料这些外来物质对石墨烯内在性质的影响,给人们对石墨烯的进一步研究和应用带来了许多不确定的因素。利用静电排斥的原理也可以制备出不需要借助外来物质帮助就能稳定分散的石墨烯悬浮水溶液。通过控制氧化石墨还原过程中的电位,使还原后的石墨烯表面带有负电荷,这些带负电的石墨烯片层之间因为静电排斥而不会发生团聚。这些表面相对"干净"而且稳定的石墨烯不仅有利于石墨烯内在性质的研究和纳米石墨烯电子器件的制备,而且稳定的悬浮液对于开发石墨烯在透明电极、太阳能电池等领域的应用也有着非常重要的意义。同样,制备相对干净且能够在有机溶剂中稳定分散的石墨烯得到了进一步发展。通过分别筛选能够在有机溶剂中分散的氧化石墨烯和还原后的石墨烯,得到了能够在水和 N,N-二甲基二氯酰胺混合液中(体积比 1∶9)稳定分散的石墨烯,并且在该条件下石墨烯的悬浮液能够与许多有机溶剂(如乙醇、丙酮、四氢呋喃、二甲基砜、N-甲基吡咯烷酮等)相互混合,形成稳定的分散体系。

随着石墨烯制备研究的不断深入，还出现了许多利用氧化石墨烯制备石墨烯的新方法。在第 2 章石墨烯的制备方法中已经介绍过，如在强碱（NaOH）的水溶液中，通过加热还原氧化石墨烯获得稳定的石墨烯悬浮液；利用醇热法也可以还原制备石墨烯。除了利用化学试剂将氧化石墨烯还原制备石墨烯外，通过电子转移也可以制备出稳定的石墨烯。如利用 TiO_2 在紫外光照的情况下将电子转移到氧化石墨烯上，从而获得了石墨烯。这种方法不仅可以还原氧化石墨烯得到稳定的石墨烯，也同时可以获得石墨烯与纳米粒子的复合物。热还原法是将石墨氧化物进行快速高温热处理，处理温度为 1 000～1 100 ℃，使石墨氧化物迅速膨胀而发生剥离，同时含氧官能团热解生成 CO_2，从层间溢出，加快片层剥离，从而得到石墨烯。采用 N_2 热解和还原气（Ar/H_2(10％H_2)）低温还原合成石墨烯作为锂离子电池负极材料，结果表明，在氢气气氛 300 ℃条件下还原 2 h 制得的石墨烯表现出最佳的电化学性能，其在 50 mA·g^{-1} 电流密度下首次放电比容量为 2 274 mAh·g^{-1}，第二个循环放电比容量衰减为 1 618 mAh·g^{-1}，经过 50 次循环之后，放电比容量仍然高达 1 283 mAh·g^{-1}。

石墨烯制备技术的不断更新，为石墨烯基材料的基础研究和应用开发提供了原料的保障。尽管目前制备石墨烯的方法越来越多，但仍然面临着许许多多的挑战，像如何提高获得晶体结构完整石墨烯的产率，如何大量地获得稳定的、表面清洁的、较好相溶性的、大片结构的石墨烯，以及选择对环境和人体没有副作用的无毒还原剂等，仍然是石墨烯制备研究的热点。

3.1.2 氢化石墨烯

石墨烯和碳纳米管等碳纳米材料由于具有极大的表面/体积比和较小的密度，而被公认为是吸附储氢的理想材料之一。石墨烯表面的孤立 π 电子可以与游离的氢原子反应，形成氢化石墨烯结构。在此结构中，每个碳原子最多可与一个氢原子形成共价键，从而形成碳氢化合物（CH）。在完全氢化的石墨烯中，氢的质量达到 7.7％，超过了美国国家能源部储氢项目 2010 年的预期目标（6％）。石墨烯氢化物电子结构和晶体形态展示出与石墨烯不同的表现，一般称之为石墨烷（graphane）。Sofo 等人第一次预测了在理想状态下可合成出二维碳氢化合物（即石墨烷）。石墨烯氢化物是氢元素和石墨烯键合产生一种饱和的碳氢化合物，碳元素与氢元素的比例为 1：1。石墨烷中的碳原子是 sp^3 杂化结构，所以体现出半导体性质，储氢能力约为 0.12 kg·L^{-1}。

使用石墨烯材料储氢的特点之一是，化学吸附的氢原子可以通过热退

火的方法进行释放。如图 3.8(a)和(b)所示,当石墨烯与氢进行结合时,
氢和石墨烯中的 π 电子形成共价键,同时,碳原子将倾向于形成金刚石结
构中的正四面体结构。当石墨烯只有一侧可以与氢结合时,石墨烯将向未
结合氢一侧弯曲。如果石墨烯的平面结构得以保持,则出现如图 3.8(c)所
示的结构,碳-碳键由 0.142 nm (1.42Å) 伸长至 0.161 nm (1.61Å)。而
当石墨烯两侧都结合氢时,能量最低的构型如图 3.8(d)所示,与石墨子晶
格 A 和 B 结合的氢原子分别处于石墨烯平面的两侧,碳-碳键伸长至
0.152 nm (1.52Å),与金刚石中的碳-碳键长相近,其中的键角也与 sp^3
杂化时的正四面体一致。

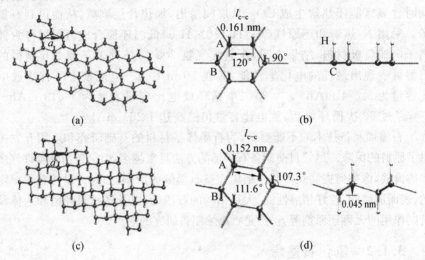

图 3.8　氢化石墨烯的原子结构

氢化石墨烯的电子结构与氢结合的方式有关,如图 3.9 所示。在同侧
结合氢原子时,碳原子中的电子主要还是保持 sp^2 杂化,费米面能级附近
p_z 轨道是其主要贡献。因为 π 轨道与氢 s 电子的结合在费米面能级附近
有 0.26 eV 的能隙;而当两侧都结合氢原子时,碳原子形成 sp^3 杂化,在费
米面能级附近的电子态密度主要由 σ 电子贡献,且形成 3.35 eV 的能隙。
由此可见,通过对氢化过程的控制,可以实现石墨烯由半金属向半导体和
绝缘体的转变。

第一性原理研究还发现,氢化过程不仅使石墨烯的结构发生了较大的
变化,而且使石墨烯发生变形,从而极大地改变其与氢的结合能。当石墨
烯发生 10% 的应变时,同侧和两侧氢化石墨烯的结合能分别发生 54% 和
24% 的变化。

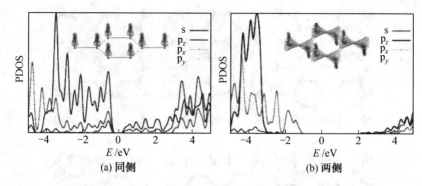

图 3.9 氢化石墨烯的电子密度分布

3.1.3 其他化学修饰与掺杂

通过含氟官能团的修饰,可以使石墨烯从导体变为绝缘体,由于氟化石墨烯结构和化学稳定性好,且具有超过钢的力学性质,因而可以用作 Teflon 的替代材料。此外,同传统的硅等半导体一样,还可以采用硼、氮等元素在石墨烯的面内或者边缘进行有效的 p 型或 n 型掺杂改性。通过空位和拓扑缺陷等方法对石墨烯进行掺杂,也是对石墨烯进行改性的有效方法之一。图 3.10 中给出了不同 N-掺杂石墨烯的结构,用 $N_x V_y$ 来表示,其中 N 代表氮元素,V 代表石墨烯结构中出现的空穴,x 是石墨烯中引入的 N 原子数量,y 代表形成的空穴的数量。从图 3.10 中可以看出,N-掺杂石墨烯主要形成吡咯型(pyrrolic)和吡啶型(pyridinic)两种掺杂类型。

通过离子键功能化,也是解决石墨烯可溶性和电导率矛盾的途径之一。例如,将钾盐插入石墨层间,然后在 N-甲基吡咯烷酮(NMP)溶剂中剥离获得了可溶的功能化石墨烯,如图 3.11 所示。这个方法的优点在于体系中无任何表面活性剂和分散剂,仅仅利用钾正离子与石墨烯上羧基负离子之间的相互电荷作用,就使石墨烯能够分散到极性溶剂中,并且具有一定的稳定性。

石墨烯氧化物之所以能够溶解于水,是由于其表面负电荷相互排斥,形成了稳定的胶体溶液,而不单单是因为其含氧官能团的亲水性。同时由于羧基存在于石墨烯的边缘,对共轭结构没有大的影响,因此,保留石墨烯片层边缘羧基而还原片层中间的环氧基和羟基,就既能保证石墨烯的溶解性又能保证其电导率。通过这一做法成功地制备了水溶性的石墨烯。具体做法是通过 pH 调节,使羧基成为羧酸盐来实现对羧基的保护。

首先通过在 GO 中加入 KOH,形成 K^+ 改性的氧化石墨烯(KMG),然

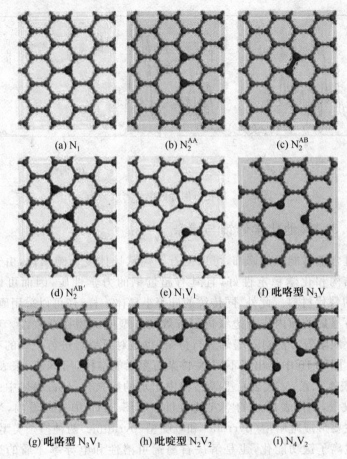

(a) N_1　　　(b) N_2^{AA}　　　(c) N_2^{AB}

(d) $N_2^{AB'}$　　　(e) N_1V_1　　　(f) 吡咯型 N_3V

(g) 吡咯型 N_3V_1　　　(h) 吡啶型 N_2V_2　　　(i) N_4V_2

图 3.10　不同的 N—掺杂石墨烯结构

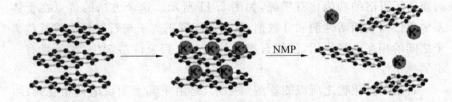

图 3.11　钾离子功能化石墨烯及其分散作用示意图

再用水合肼还原,获得了分散性好的还原的 GO,同时又保证了 GO 的导电性,导电率为 6.87×10^2 S·m^{-1}。K$^+$ 的存在保护了部分的羧基和羟基基团,有效地抑制水合肼的还原,同时被还原的部分结构还起到了导电的作用,取得了导电性和分散性的平衡。

同时,利用以上静电作用分散石墨烯的理论,还可实现石墨烯在不同溶剂之间的相转移。具体的做法是将季铵盐阳离子表面活性剂加到带负电荷分散的石墨烯水溶液中,使表面活性剂上的正电荷与石墨烯上的负电荷相互作用,再加入氯仿,轻轻震荡,石墨烯则在表面活性剂的"拉扯"下,从水相转移到了氯仿有机相,如图 3.12 所示。这个方法不仅适用于氧化石墨烯,还原后的石墨烯也同样适用。

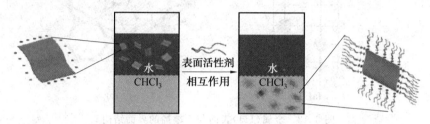

图 3.12　离子键作用使石墨烯相转移示意图

3.1.4　石墨烯与基底之间的相互作用

无论在外延生长、化学气相沉积等石墨烯生长环境中,还是在石墨烯作为纳米电子器件的使用环境中,石墨烯通常都是处于金属或者半导体的表面上。根据基底的性质以及基底材料与石墨之间的结合状态的差异,石墨烯的结构与性质也会发生相应的改变。

采用第一性原理计算研究 Al,Co,Ni,Cu,Pd,Ag,Pt,Au 八种金属的(111)表面与石墨烯的结合状态,这些结构与石墨烯的相对结构如图3.13所示。对于 Cu,Ni 和 Co 的表面,每一个碳原子都处于一个金属原子 A 和 C 的上方;而对于 Al,Au,Pd,Pt 等金属原子,它们的每一个原胞内则有8 个碳原子和 3 个金属原子。经研究发现,这些金属大致可以分为两类:Co,Ni,Pd和石墨烯有较高的结合能,分别为 0.16 eV,0.125 eV 和 0.084 eV,相应的石墨烯-基底之间的间距分别为 0.205 nm,0.205 nm 和 0.230 nm;而 Al,Au,Pd 和 Pt 与石墨烯的结合则相对较弱,结合能为 0.027~0.043 eV,与石墨烯的间距为 0.330~0.341 nm。

从图 3.14 石墨烯和金属表面的能带结构图可以看出,在 Al,Pt 等弱结合表面上,石墨烯的能带结构没有发生显著变化。这种弱的界面作用也是石墨烯可以在 Cu(111)等表面上大面积外延生长的原因。而在 Co 等强结合表面上,石墨烯中的电子轨道与金属表面态之间的耦合作用十分明显。

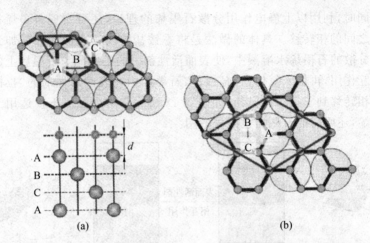

图 3.13　金属(111)表面与石墨烯的界面结构

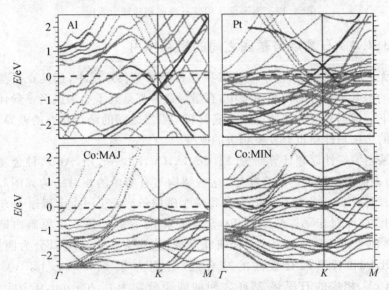

图 3.14　石墨烯和金属表面的能带结构

　　通过石墨烯的费米面能级与其在金属表面的化学作用、电荷转移之间关系的研究发现,石墨烯和基底之间的晶格失配并没有引起石墨的非均匀变形。但是,在实验的观测中,特别是在 Ru(0001) 表面上却发现了波长为 3 nm 的周期性起伏,如图 3.15 所示。由此看来,第一性原理计算对石墨烯在金属表面上出现的这一现象不能给出合理的解释。此外,与金属不同的是,在半导体或者绝缘体的表面上,例如 SiC 和 SiO_2 表面上,石墨烯通常在界面处与基底形成共价键或者发生范德瓦耳斯力相互作用。石墨烯与基底之间的界面结合状态还可以通过插入金属、氢、氧等原子进行调控。

图 3.15　在 Ru(0001)表面产生的石墨烯失稳结构

3.2　RGO 与无机氧化物的杂化

3.2.1　非原位杂化

RGO 与无机氧化物的杂化,是一种采用非原位法制备石墨烯基杂化材料的方法。RGO 与无机氧化物的非原位杂化(Ex situ hybridization)是指,先在水或者有机溶剂的溶液中混合已经制备出的 RGO 和已经制备(实验室预合成或直接购买)的结晶或者无定形结构的无机氧化物,然后,经过一定的后处理工艺即物理或化学处理,制备出无机氧化物掺杂的 RGO 杂化材料的方法。在 RGO 和无机氧化物溶液混合之前,对 RGO 或无机氧化物进行表面改性也是一个必要的步骤,其目的是为了实现 RGO 和无机氧化物之间的非共价键或者化学键的连接。如先用苄硫醇修饰 CdS 纳米颗粒,然后通过苄硫醇和 RGO 之间 π-π 共轭关系将修饰过的 CdS 纳米颗粒固定到 RGO 片层上制备 CdS 掺杂的 RGO 杂化材料,详细实验过程如图 3.16 所示。又如先用全氟磺酸表面修饰 RGO,然后把 TiO_2 纳米颗粒固定到修饰过的 RGO 片层上制备 TiO_2 掺杂的 RGO 杂化材料;同样也可以通过修饰无机氧化物表面使其带正电,然后与带负电的 RGO 通过静电引力作用,实现无机氧化物掺杂的 RGO 杂化材料的制备。再如用胺丙基三甲氧基硅烷改性 SiO_2 或者 Co_3O_4 的颗粒表面使其带正电,然后与带负电的 RGO 通过静电引力作用直接组装制备 RGO 基杂化材料等。

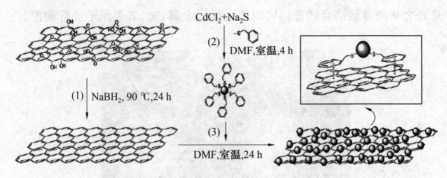

图 3.16　CdS 掺杂 RGO 杂化材料的制备过程

3.2.2　原位(结晶)杂化

RGO 与无机氧化物的原位(结晶)杂化(In situ crystallization)是指在一定的溶液或者气氛体系中,先直接将无机氧化物的前驱体与(未)改性 RGO(GO)混合,然后通过一定的物理化学处理,使无机氧化物前驱体在 RGO(GO)表面原位生长出具有一定晶型,或者无定形结构的无机氧化物的掺杂过程,有时还要配以必要的后处理过程来制备无机氧化物掺杂的 RGO 杂化材料。采用该方法制备杂化材料可以有效地控制固定到 RGO 表面的无机氧化物的尺寸、晶型和掺杂物分散的均匀程度等相关参数。如先将 GO 与 RuCl$_3$ 混合,然后在氮气中热处理制备 RuO$_2$ 掺杂的 RGO 杂化材料,在热处理过程中,一步完成 GO 的还原和 RuO$_2$ 的原位掺杂。又如先将 KMnO$_4$,MnCl$_2$ 与 GO 在水溶液中均匀混合,然后用微波水热法处理混合物,最终使 MnO$_2$ 在 RGO 表面原位生长,制备出 MnO$_2$ 掺杂的 RGO 杂化材料,图 3.17 为 Chen 等采用原位杂化的方法一步完成 MnO$_2$/RGO 复合材料合成过程的示意图。再如,将钛酸四丁酯与 GO 混合在乙醇溶液中,然后通过溶胶-凝胶法使 TiO$_2$ 颗粒在 GO 表面生长,再经过还原 GO 制备 TiO$_2$ 纳米颗粒掺杂的 RGO 杂化材料。

对石墨烯的化学掺杂会形成一系列新的石墨烯衍生物,这种化学掺杂往往是建立在石墨烯的共价键功能化的基础上得以实现的,针对石墨烯的带隙、载流子极性和载流子浓度进行改性,使之具备可调控性,是石墨烯在微电子工业潜在的应用方式之一。例如,在石墨烯上进行氮掺杂。采用热电化学的反应方法将氮原子掺杂到纳米石墨烯片层的边缘上(edge-doping),表现出独特的性质和结构,可用于制备场效应 n-型晶体管。此外,也有人选用四氧化三铁这样的无机小分子与石墨烯进行杂化以制备医用材料。

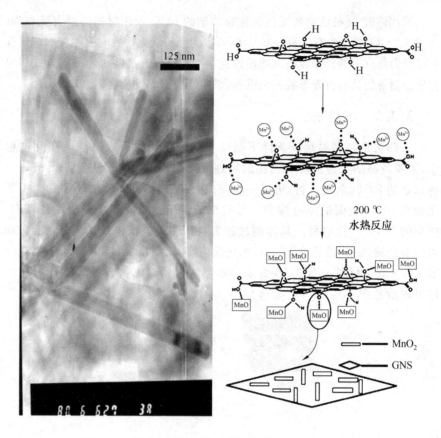

图 3.17 MnO₂/石墨烯复合材料原位杂化结构示意图

3.3 RGO 杂化材料的制备方法

3.3.1 溶胶-凝胶法

溶胶-凝胶法是制备氧化物纳米颗粒的有效方法。在此过程中,以金属醇盐或氯化物做前驱体,需要经过一系列连续的水解和多步缩聚反应来制备金属氧化物。溶胶-凝胶法同样可以用于制备 TiO_2,Fe_3O_4 和 SiO_2 掺杂的 RGO 杂化材料。以 TiO_2 掺杂的 RGO 杂化材料为例,分别以 $TiCl_3$、异丙氧基钛和钛酸正丁酯为前驱体,采用溶胶-凝胶法在不同的实验条件下分别制备得到 TiO_2 纳米棒、TiO_2 纳米颗粒或大—介孔 TiO_2 纳米颗粒掺杂的 RGO 杂化材料。

采用溶胶-凝胶法制备无机氧化物掺杂的 RGO 杂化材料的最大优点为：在 RGO(GO)表面含有大量羟基基团，可以为无机氧化物的前驱体在水解过程中提供为数众多的异相成核点或活性连接点，这样，通过共价连接的方式将原位生长制备的具有特异形貌的无机氧化物固定到 RGO 片层上。

3.3.2　水热法

水热法是在高温高压条件下制备无机氧化物的有效方法。在此过程中，需要较高的反应温度和密闭的物理空间。若采用水热法制备无机氧化物掺杂的 RGO 杂化材料，可以一步完成两个过程，即 GO 的还原和无机氧化物在 RGO 表面的原位掺杂。最典型的例子就是一步水热法制备 TiO_2 掺杂的 RGO 杂化材料。具体的过程为：将 TiO_2 颗粒和 GO 混合到乙醇和水的混合溶剂中，然后在 120 ℃水热反应 24 h 制备了 TiO_2 纳米颗粒掺杂的 RGO 杂化材料。图 3.18 为采用水热法制备 TiO_2/石墨烯复合材料反应过程示意图。

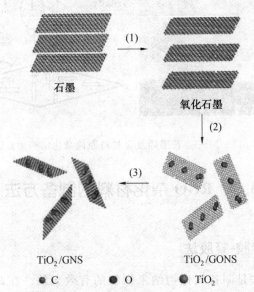

图 3.18　水热法制备 TiO_2/石墨烯复合材料反应过程示意图

3.3.3　电化学沉积法

电化学沉积法制备无机氧化物掺杂的 RGO 杂化材料是一种很简便的方法。通过电化学处理使无机氧化物的纳米晶体直接沉积固定到 RGO

的片层结构上,可以省去繁琐的后处理工艺。如通过电化学沉积使纳米结构的 ZnO 或 Cu_2O 掺杂到 RGO 片上,其中一个典型的例子是 ZnO 纳米棒掺杂的 RGO 杂化材料的制备过程。工艺过程如下:先将 Hummers 法制备的 GO 悬涂在氨基改性的石英板上,然后通过在 1 100 ℃ 热处理 2 h 制备出附着 RGO 的电极,将其作为电沉积的工作电极,并将该电极浸泡在氧饱和的 $ZnCl_2$ 和 KCl 的电解液中,随着电化学沉积过程的进行,在 RGO 表面上可以生成有特殊阵列结构的 ZnO 纳米棒。

3.3.4 有序自组装法

一般来说,由于 RGO 含氧基团的大幅度下降,容易导致 RGO 的 "面-面"堆积。为了避免 RGO 片层的堆积,往往需要引入表面活性剂,因为表面活性剂具有两亲性的特点,亲油的一端附着在 RGO 片上,亲水的一端嵌入水中,这样可以改善 RGO 在水中的分散性。同时,表面活性剂的存在还为无机氧化物在 RGO 表面的原位自组装提供了模版。如在 RGO 水溶液中加入阴离子表面活性剂(如十二烷基硫酸钠)使石墨烯的表面带有负电荷,同时,表面活性剂在 RGO 表面形成了具有特殊结构的微胶束。然后加入 Sn^{2+} 阳离子,通过静电作用使 Sn^{2+} 吸附到 RGO 表面上,接着滴加尿素和 H_2O_2,使 SnO_2 晶体在 RGO 表面原位生长。这样制备的 SnO_2 掺杂的 RGO 杂化材料拥有"三明治"式的空间夹层结构,图 3.19 为采用有序自组装方法制备 SnO_2/RGO 复合材料反应过程示意图。

$$C_m(OOH)_m + 2mSnCl_2 \longrightarrow C_m + mSnO_2 + mSnCl_4 + H^+ + me^-$$

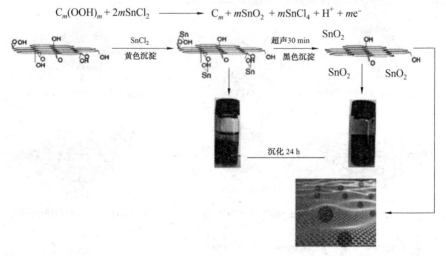

图 3.19 有序自组装法制备 SnO_2/RGO 复合材料反应过程示意图

通过将 GO 表面硅烷化使其表面具有羧酸官能团,与组装的 Ag@ SiO_2/PEG(记为 MHPs)通过电性吸引交联在一起,形成 Ag@SiO_2/PEG/GO 复合物(记作 MHPs/GO)。具体工艺过程如下:

(1)Ag@SiO_2/PEG(MHPs)的组装。

采用声化学原理制备 Ag@SiO_2/PEG 复合物,平均尺寸分布在(12.5±2) nm。首先将 Ag 的前驱体硝酸银水溶液加入含有稳定剂 PEG(Mn=10 000 g·mol^{-1})和还原剂 NaBH$_4$的反应容器中,反应混合物超声15 min左右形成 Ag 核;然后将一定量的 TEOS 和氨水同时加入,混合物在反应容器中继续超声分散 30 min 以保证还原反应进行完全和复合物的长大,最终将含有复合物颗粒的胶体溶液经离心分离、水洗两次获得MHPs。

(2)MHPs 在 GO 上的负载。

使用的 GO 胶体悬浮液是采用改性的 Hummers 法制备的,首先利用3/APTES使 Ag@SiO_2/PEG 硅烷化,然后与 GO 表面官能团通过电性吸引交联在一起。简单地说,将 200 μL 的 Ag@SiO_2/PEG 复合物和40 μL的3/APETs(3%的乙醇溶液)加入含 3 mL 无水乙醇的反应容器中,在室温下磁力搅拌 10 h,然后加入 200 μL 的 GO 水溶液,继续搅拌10 h以保证硅烷化的 MPHs 与 GO 键合反应完全。反应完成后,Ag@SiO_2/PEG 功能化的 GO 经离心分离、醇洗两次,得到 Ag@SiO_2/PEG/GO 复合物(记作MPHs/GO),其合成路线如图 3.20 所示。

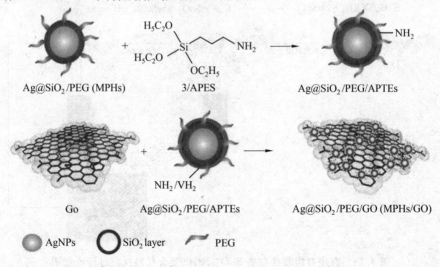

图 3.20　MPHs/GO 复合物制备过程示意图

3.4　RGO 与聚合物的复合

能将具备优异特性的无机材料与加工性能良好的高分子材料复合在一起,一直是研究人员在科研工作中追求的目标和方向。石墨烯具有高比表面积,因此很小百分比或者微小的加入量都能让石墨烯在高聚物基体中形成交叉网状的结构形态。同时,石墨烯具备的卓越电学性能和机械性能,也是许多科研工作人员将精力放在石墨烯基复合材料研究上的一个重要原因。

实际上聚合物基石墨烯复合材料早已有之,研究人员首先采用插层法处理聚合物和氧化石墨,利用氧化石墨烯与聚合物之间的相互作用实现高聚物/氧化石墨烯复合材料的功能化,同时也通过这种方法实现将石墨剥离成石墨烯薄片。采用球磨法处理氧化石墨烯与苯乙烯/丙烯酸丁酯的共聚物,成功地制备了聚合物/氧化石墨烯纳米复合材料,在聚合物基体内形成了石墨烯分布均匀的网络形态。还有科学家对石墨烯复合材料的阻燃性能进行了研究,在高刚性聚氨酯(TPU)泡沫和聚丙烯酸树脂中分别加入石墨烯类材料,使复合体系的阻燃性有明显提高,证明了石墨烯的阻燃效果。另外,有人用异氰酸酯改性的石墨烯与聚氨酯构成复合材料,测试表明这种材料的强度至少可提高 75%,而用磺酸基功能化的石墨烯与聚氨酯构成的复合材料,对红外有极好的响应性,具有很大的应用潜力。

在聚合物纳米复合材料的制备过程中,最重要的一步是纳米填料的分散。良好的分散性能够最大限度地增加纳米填料的表面积,而表面积的大小将会影响到与纳米填料相邻的聚合物链的运动,从而影响整个聚合物基体的性能。所以,通过共价和非共价的方法来修饰纳米填料的表面,使其在聚合物基体中达到均匀的分散一直是人们努力的目标。同样,在石墨烯/聚合物复合材料的制备过程中,由于石墨烯具有非常大的比表面积,因此石墨烯在聚合物基体中的分散也是一个很关键的问题。

常用的 RGO 与聚合物的复合方法包括溶液共混法、原位聚合法和熔融共混法三种方法。

3.4.1　溶液共混法

前面我们已经提到,氧化石墨可以通过化学方法和热处理方法达到完全剥离的状态。首先，将氧化石墨剥离成单层的氧化石墨烯片。氧化石墨表面存在一些含氧官能团(如环氧基、羟基和羧基等)，这些含氧官能团能够直接将氧化石墨分散在水和一些有机溶剂中。这些单层的氧化石墨烯片随后可以被一些还原剂还原，例如水合肼、二甲基肼、硼氢化钠和维生素C 等。氧化石墨的还原能够部分地恢复其共轭结构。通过热膨胀的方法也可以剥离氧化石墨，并且可以通过简单的热处理将其还原成石墨烯片层，而这些热处理过的石墨烯片层能够很容易地溶于极性溶剂中。因此，可以利用溶液共混的方式来制备石墨/聚合物纳米复合材料。

这种方法包括了三个步骤:首先将石墨烯通过超声的方式分散在有机溶剂中，然后加入聚合物，最后通过挥发或蒸馏的方式除去溶剂，得到石墨烯/聚合物复合材料。到目前为止，已经有许多种不同的聚合物通过溶液共混的方式制备石墨烯基纳米复合材料了，比如说质子交换膜、聚苯乙烯(PS)、聚甲基丙烯酸甲酯(PMMA)和聚氨酯(PU)等与石墨烯的复合材料。

因为溶液处理过程比较简单，所以，人们总是希望这种方法能够在石墨烯/聚合物纳米复合材料的制备过程中发挥更重要的作用。然而，普通的有机溶剂将会牢牢地吸附在氧化石墨上，从而导致材料的性能下降。利用 ^{13}C 核磁共振和元素分析等方法，分析极性溶剂和非极性溶剂对氧化石墨的吸附，发现所有的溶剂都能够穿透氧化石墨片层，并且能够吸附在氧化石墨片层上。即使经过仔细洗涤和干燥，仍然会有痕量的溶剂吸附在氧化石墨片层上，这说明溶液共混在石墨烯/聚合物纳米复合材料的制备过程中有其局限性。

3.4.2　原位聚合法

在原位聚合的过程中，化学修饰过的石墨烯与单体或者预聚物共混，然后通过调节温度和时间进行聚合反应。与碳纳米管需要后处理不同的是，化学修饰过的石墨烯表面存在许多小分子，而这些小分子可以与其他功能性分子进行共价键合或者进一步通过原子转移自由基聚合(ATRP)接枝上聚合物。原位聚合的例子包括聚氨酯(PU)、聚苯乙烯(PS)、聚甲基丙烯酸甲酯(PMMA)、环氧树脂和聚二甲硅氧烷(PDMS)泡沫材料。

在原位聚合制备石墨烯/聚合物纳米复合材料过程中，不仅要分析纳米填料对聚合物基体形态和最终性能的影响,同时也要分析纳米填料对聚合反应的影响。例如,在PDMS的聚合过程中,热剥离的石墨烯会降低聚合反应速率。在热塑性聚氨酯(TPU)的聚合过程中,石墨烯的加入可以改变聚氨酯的分子质量。所以,原位聚合法在制备石墨烯/聚合物纳米复合材料过程中存在两面性:首先,它能够在纳米填料和聚合物基体之间提供强的相互作用,这样有利于应力转移;同时也能够使纳米填料在聚合物基体中达到非常均匀的分散。但是,该方法同时也导致体系粘度的增加,聚合物分子量的改变给后续加工处理造成困难。

3.4.3 熔融共混法

熔融共混法与上述两种方法相比,是一种更加接近于实际应用的方法。在熔融共混法制备石墨烯/聚合物纳米复合材料的过程中,石墨烯直接加入到熔融态的聚合物中,然后通过调节双螺杆挤出机的速度和温度来达到共混的目的。熔融共混的例子包括聚氨酯(PU)、等规聚丙烯(iPP)、苯乙烯-丙烯腈的共聚物(SAN)、聚酰胺6(PA6)和聚碳酸酯(PC)等与石墨烯的熔融共混。

图3.21为采用熔融共混法、溶液共混法和原位聚合法制备的石墨烯/TPU复合材料的TEM照片。石墨烯采用热膨胀氧化石墨的方法制备,石墨烯与TPU的质量比为3:97。从图3.21中可以清楚地看出石墨烯和TPU的分散状态,在熔融共混的试样中,石墨烯处于高度取向的厚片状态,而在溶液共混法和原位聚合法制备的试样中,石墨烯都是均匀分布的薄片。

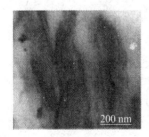
(a) 熔融共混法

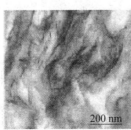
(b) 溶液共混法

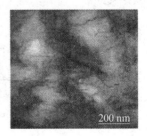
(c) 原位聚合法

图3.21 石墨烯/TPU复合材料的微观结构照片

3.4.4　其他方法

　　另外一种有效的方法是通过 π-π 键的相互作用,将聚合物非共价接枝到石墨烯片层的表面。例如,将芘共价连接在聚(N-异丙基丙烯酰胺)末端,然后通过 π-π 键相互作用将其非共价连接到石墨烯表面上,得到的复合材料具有很好的温敏性。这种方法同样也适用于其他聚合物体系,表明这种方法在聚合物复合材料体系中具有通用性。更重要的是,这种方法没有破坏石墨烯的共扼结构,使复合材料仍然保持较高的电导率。采用这种方法制备的石墨烯/聚(N-异丙基丙烯酰胺)复合过程的原理如图 3.22 所示。

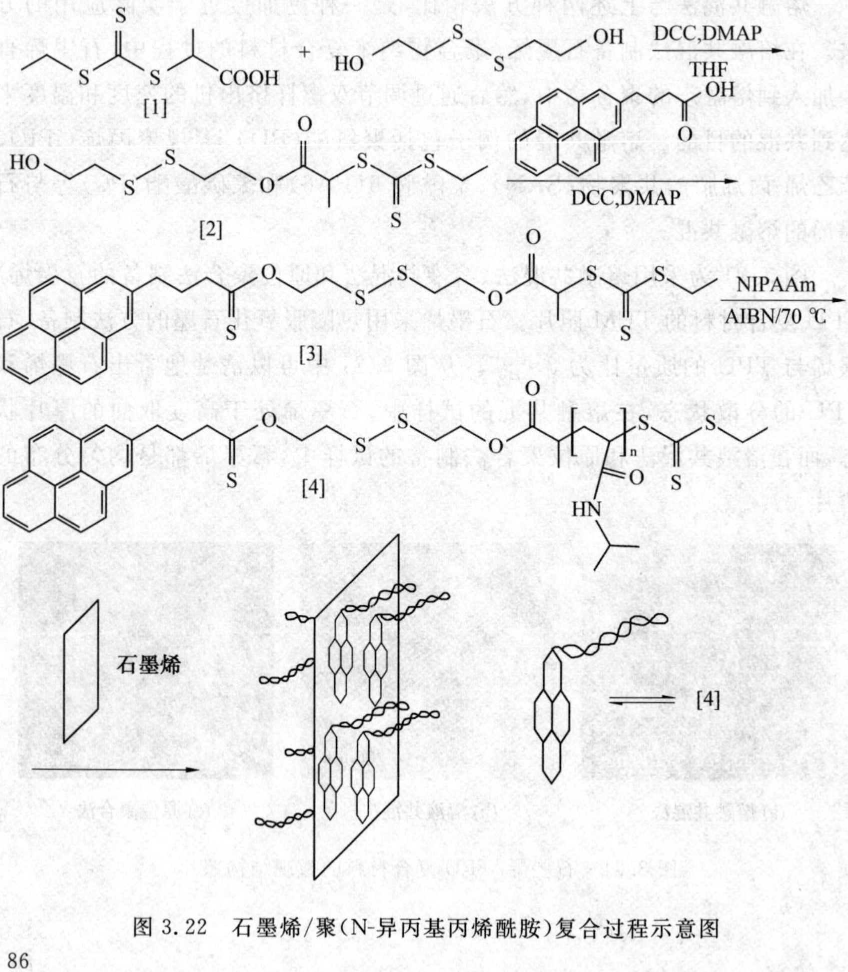

图 3.22　石墨烯/聚(N-异丙基丙烯酰胺)复合过程示意图

还有一些其他的方法，例如乳液聚合、冻干法和相转移技术等，都能够有效地将石墨烯填料分散在聚合物基体中。例如，通过乳液聚合的方式将聚苯乙烯微球共价接枝到石墨烯片层的边缘，经修饰后的石墨烯能够很好地分散在甲苯和氯仿中，同时，复合材料也表现出了较高的电导率。采用冷冻干燥的方法处理石墨烯，得到的样品非常轻，石墨烯片层疏松地堆砌在一起，能够很容易地分散在有机溶剂中。例如 N，N-二甲基甲酰胺（DMF），通过溶液共混的方式将其与聚乳酸混合，得到了石墨烯均匀分散的复合材料。采用胺基封端的聚苯乙烯（PS-NH$_2$）作为相转移剂将石墨烯从水相转移到有机相中，经化学还原后的石墨烯片层表面存在许多羧基基团，这些羧基基团能够与聚苯乙烯末端的胺基发生静电相互作用，从而能够将石墨烯转移到有机相中。

第4章　石墨烯的生长机理

目前,化学气相沉积法(CVD)是制备石墨烯的一种主要方法,原理是在高温下,碳氢化合物首先发生气化分解,然后碳原子在过渡金属表面上沉积。化学气相沉积过程中,高温下烃类气体与氢发生反应、分解,形成碳原子;冷却时,沉积在金属表面上过饱和的碳原子将从金属表面析出,形成单层或者几层的石墨薄片,即石墨烯。等离子增强化学气相沉积(PECVD)过程中,在低温等离子体产生和碳氢化合物分解的同时,发生了碳的沉积,这个过程是在相对较低的衬底温度下进行的碳层析出。因此,与传统的热 CVD 法相比较,PECVD 方法被认为是一个低温过程。它的分解反应速度完全依赖于等离子体热源的功率和碳离子沉积在衬底上的速率。这两个过程有几个共同的工艺参数,如时间、温度、压力、气体流量和催化剂的类型等,它们在石墨烯的形成过程中发挥了重要的作用。石墨烯在 Ni 基体表面的分离还依赖于沉积之后的冷却速度,冷却速度决定了石墨烯最终的形貌和性能。此外,衬底金属的结晶度(无论多晶还是单晶金属)对石墨烯的形成和晶粒尺寸都有重大作用,而衬底金属表面的粗糙度则控制着石墨烯膜形成的均匀性。

下面详细地分析各主要参数在石墨烯生长过程中的作用。

4.1　石墨烯在 Ni 表面沉积

石墨在 Ni 表面沉积过程中,碳溶解度的热力学计算数据(Eizenberg和 Blakely 1979)如图 4.1 所示。由图 4.1 可以看出,在高温时沉积在 Ni表面上的碳原子的原子浓度比在低温时低。Eizenberg 和 Blakely 根据方程(4.1)与(4.2)绘制出了碳原子在 Ni 原子中的溶解度曲线。

溶解度 $\qquad \ln x = -0.2 - \dfrac{(0.49 \text{ eV})}{kT_p}$ $\qquad\qquad$ (4.1)

分离度 $\qquad \ln x = -0.17 - \dfrac{(0.55 \text{ eV})}{kT_s}$ $\qquad\qquad$ (4.2)

式中　　k——Boltzmann 常数;

$\qquad x$——碳的原子分数;

T_s 和 T_p——高温温度和低温温度($T_s > T_p$)。

根据 Eizenberg 和 Blakely 的解释，这条曲线的斜率和在 $1/T=0$ 时的截距值分别代表部分原子分离热（ΔH_{seg}）和分离熵（ΔS_{seg}）。$\Delta H_{seg}=-55$ eV。该值比碳原子在厚的石墨中的能量低 10%。因此，在高温下，单层石墨烯更容易凝结在 Ni(111) 面上，但分离熵（ΔS_{seg}）的数值没有明显差别，说明单层和散装石墨具有相同程度的混乱度。

在化学气相沉积过程中，由于金属的表面催化作用石墨烯容易在金属衬底上生长。目前的研究表明，石墨烯可以在 Ni，Co，Cu，Ru，Rh，Pt，Pd 和 Ir 等过渡金属表面生长。单晶和多晶金属都可以作为石墨烯生长的衬底。在高温下，采用 PECVD 方法，碳氢化合物气体与氢反应，分解，形成碳。例如，采用直流放电等离子体使前驱体的混合气产生二聚体（C_2），沉积在衬底上形成了表面吸附石墨层。在不同环境条件下，如大气压力、低压、超低压等，过渡金属表面与碳氢化合物气体接触时，石墨层极容易在其表面结晶和生长。

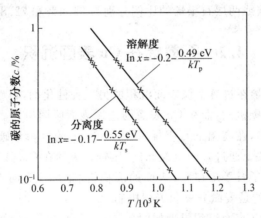

图 4.1 碳在 Ni 中的溶解度曲线

金属 Ni 是一种常用的过渡金属表面催化剂。高温下，碳原子在 Ni 金属表面发生固溶，冷却过程中过饱和的碳原子将从其表面析出。因此，Ni 颗粒和薄膜常被用作化学气相沉积过程中生长碳纳米管和石墨烯的催化剂。在常压下，采用金属 Ni 作为碳氢化合物催化生长和沉积的衬底，会形成超薄的石墨烯薄膜。根据碳原子在 Ni(111) 晶面上的溶解和析出过程可以判定，石墨烯在 Ni 金属表面上的形成机理符合渗碳/析碳机制，石墨的晶胞大小与 Ni 的晶胞大小相同，所以碳原子很容易在 Ni(111) 晶面上积聚，外延生长。通过对石墨烯的动态形成和 Ni 在单原子边缘的重构分析等生长动力学方面的研究发现,甲烷的解离以及碳的吸附反应过程优先在 Ni(111) 晶面台阶边缘进行,并且在这里反应速度最快。石墨烯在 Ni(111) 晶面上形成的驱动力与每个碳原子的能量(0.7eV)增加有关,Ni(111) 晶面台阶边缘是石墨烯优先生长的活化位,碳原子与这些位置的结合能高于其他位置。此外,石墨烯在 Ni(111) 晶面上优先生长也与石墨烯/Ni 界面上形成的复杂碳化物有关。石墨烯在 Ni(111) 晶面上的形成机制包括两个步骤:

①表面的 Ni 原子和碳原子与界面受限的 Ni_2C 相之间的交换;

②通过 Ni_2C 相中的碳原子除去 Ni 形成了石墨烯。

形成的石墨烯的层数是由 Ni 的晶体类型决定的。石墨烯在 Ni 单晶和多晶上的生长机制研究表明,由于 Ni 单晶表面平滑,且没有晶界,单晶 Ni 表面更适合生长单层和双层石墨烯;而多晶 Ni 中由于晶界的存在,它们成为多层石墨烯结晶,生长的成核位,所以在多晶 Ni 表面则形成更高比例的多层石墨烯(3 层以上)。在相同的化学气相沉积条件下,在单晶和多晶表面形成单层或两层石墨烯的比例分别为 91.4% 和 72.8%。

4.2 石墨烯在 Cu 表面沉积

Cu 是石墨烯在过渡金属表面沉积的另一种催化剂,石墨烯在 Ni 表面生长是渗碳/析碳机制,而在 Cu 表面则遵循表面吸附机制。Rouff 和他的合作者首先提出,在高温下石墨烯在 Cu 表面上的沉积与碳在 Cu 表面有限的溶解度有关。通过碳同位素标记,比较石墨烯在 Cu 和 Ni 上的生长机制,进一步证明了石墨烯在 Cu 表面的沉积机制与 Ni 表面不同,石墨烯在 Ni 表面上发生的是表面分离和沉积机制。

石墨烯在 Ni 表面沉积机理如图 4.2(a)所示,包括以下两步过程:

①解离和沉积;

②表面吸附或表面媒介生长。

图 4.2(a)给出了石墨烯通过表面分离过程一步一步地在 Ni 衬底上形成石墨烯的过程:

①在高温下甲烷在氢气中分解;

②碳原子在金属衬底上固溶;

③碳原子与金属表面分离;

④冷却过程中沉积。

图 4.2(b)为石墨烯在 Cu 表面的媒介生长机理,由以下步骤组成:

①甲烷分解形成碳；

②碳原子在 Cu 表面成核和生长；

③碳核在整个 Cu 表面进一步扩散；

④域的形成。

当石墨烯完全覆盖整个 Cu 表面时，石墨烯生长过程终止，这被称之为石墨烯在 Cu 表面上的自限生长过程。

由于 Cu 晶体的晶格对石墨烯的生长影响很小，因此，单晶石墨烯可以很容易地从多晶 Cu 上获得。CVD 法生长的石墨烯片与 Cu 衬底之间几乎没有明确的关系。石墨烯在 Cu 衬底上的生长可以总结如下：

①石墨烯和 Cu 之间发生弱的范德瓦耳斯力相互作用；

②在 Cu 衬底上取向生长石墨烯；

③石墨烯颗粒在 Cu 颗粒边界上连续生长。

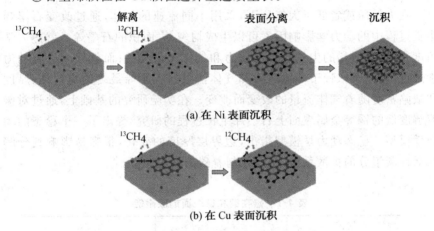

图 4.2　石墨烯在 Ni 和 Cu 表面沉积原理

4.3　石墨烯在 Ni 和 Cu 表面沉积的比较

根据 Ni-C 和 Cu-C 的二元相图，碳在 Ni 中的溶解度高于 Cu。温度升高，Ni 晶体表面可以固溶更多的碳，因此很难在 Ni 表面上生长单层的石墨烯，这是因为无法控制仅有少量的碳溶解在 Ni 表面上，从而造成在冷却过程中过多的碳在 Ni 表面上沉积，形成厚的石墨烯层，而不是单个碳原子层厚。但是，通过提高冷却速率和使用薄的 Ni 薄膜做衬底也可以生长少数层的石墨烯。

为了比较石墨烯在 Cu 和 Ni 上的生长机理，首先需要比较 Cu 和 Ni

原子的晶体结构。Cu 和 Ni 表现出相同的面心立方(FCC)晶体结构、相等的配位数和几乎等价的电负性(分别 1.90 和 1.91)。它们之间最基本的区别在于电子结构,Cu 的 3d 轨道是满带,Ni 的 3d 轨道是部分填充的,Cu 和 Ni 表面的吸附能和这一参数有关。采用第一性原理对 Cu 和 Ni 的低指数晶面,即(100),(110)和(111)晶面进行密度泛函理论(DFT)计算比较。碳原子在这些稳定指数低的 Cu 和 Ni 表面的吸附能列于表 4.1。Cu 和 Ni 的(100)晶面是碳的最稳定吸附位,很容易接纳碳原子;(111)晶面碳原子扩散阻力小,有利于吸附碳原子;碳原子在 Ni 表面的吸附能比 Cu 表面的吸附能高约 2 eV。碳原子在 Cu 和 Ni 表面吸附过程中,费米能级的 d 带起到了重要的作用,碳吸附在 Cu 和 Ni 的表面上,只是部分地填充在 Ni 的 d 带上,而完全填充在 Cu 的 d 带上,因此,碳原子与 Ni 的结合能比与 Cu 的结合能大。

在大气压或者低于大气压下,采用不同流速的气体,通过改变石墨烯生长过程中的动力学影响因素可以生成均匀、大面积的石墨烯。就热力学角度来说,石墨烯的生长过程与压力和气体流量无关;而就反应过程动力学来说,则完全依赖于环境压力和气体流量。石墨烯最终的均匀性、厚度和缺陷密度随着气体流量的改变而改变。在实验研究的基础上,通过对碳溶解度低的铜等金属表面上石墨烯生长过程的研究,提出了一个稳态的动力学模型。稳态动力学模型指出,边界层厚度的变化,很容易影响到分解的活性碳组分的扩散系数,从而控制着碳的沉积速率。

表 4.1　碳在铜和镍表面的吸附能

吸附位	$E_{ads,Cu}$	$E_{ads,Ni}$
100(H)	-6.42	-8.48
110(H)	-5.57	-7.74
111(hcp)	-4.88	-7.09
111(fcp)	-4.89	-7.14
111(edg)	-4.88	—

第 5 章　石墨烯的结构表征方法

石墨烯优异的性能来源于其独特的二维单原子层晶体结构,横向尺寸可达数百厘米,厚度仅为原子量级。这样就决定了石墨烯的结构表征技术的特殊性,既要兼顾片层的宏观尺度,同时还要实现微观原子尺度的解析。本章主要介绍几种典型的石墨烯结构表征技术,包括光学显微镜、电子显微镜、扫描探针分析和拉曼光谱分析等。

5.1　光学显微镜

如前所述,石墨烯的厚度仅有一个原子层厚,但是由于它的横向尺寸可达到数百厘米的量级,因而,在光学显微镜下仍可成像。事实上,石墨烯最初被发现就是在普通的光学显微镜下被分辨出来的。采用光学显微镜观察石墨烯的方法很简单,只要将石墨烯转移到表面有一定厚度的氧化层的硅片(如 SiO_2)上,就可以直接在光学显微镜下进行观察,从光学显微镜中不仅可以看到大量的石墨碎片,而且尺寸、形状、颜色和对比度各异。光学显微镜下图片的颜色和对比度与石墨烯的厚度(层数)密切相关。这样,通过照片颜色和对比度的差别,就可以判断出石墨烯的厚度。

尽管光学显微镜观察石墨烯方法很简单,但是在一般的硅片基底上,在光学显微镜下也是无法观测到石墨烯的。氧化硅层的厚度对石墨烯的光学成像效果影响较大,只有当氧化层的厚度满足一定条件,使得光路衍射和干涉效应能够产生颜色的变化时,石墨烯才会显示出特有的颜色和对比度,才能够应用原子力显微技术对这些石墨烯进行层数的标定,将颜色和对比度同层数对应起来,在后续的检测中,才可以根据石墨烯的颜色和对比度来判别其层数。图 5.1 为石墨烯的光学显微镜照片。图中显示出不同层数的石墨烯和薄层石墨的光学显微图像,其中单层石墨烯同硅片衬底颜色差别不大,透光性高。大量研究证明,光学显微技术已经成为一种成熟的石墨烯层数标定技术。

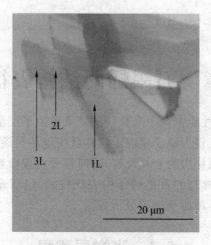

图 5.1　石墨烯的光学显微镜照片

5.2　电子显微镜

电子显微镜技术是对材料微观组织、形貌和成分进行分析的有力工具,在纳米材料的表征上发挥着重要的作用。常用的电子显微技术包括扫描电子显微镜(Scanning electron microscopy,SEM)和透射电子显微镜(Transmission electron microscopy,TEM)。下面分别介绍这两种电子显微镜。

5.2.1　扫描电子显微镜

扫描电子显微镜(SEM)是利用在样品表面 10 nm 深度范围内,扫描着的聚集电子束与试样相互作用后产生的二次电子信息及处理后获得的试样形貌等信息进行成像的。SEM 的成像原理如下:当电子束在样品表面扫描时会激发出二次电子,用探测器收集产生的二次电子,则可获得样品的表面结构信息。石墨烯的厚度为原子量级,表面起伏多为纳米量级,并且由于石墨烯发射二次电子的能力非常低,因此,在通常情况下石墨烯在 SEM 下很难成像。但是,由于石墨烯质软,在基底上沉积后会形成大量的褶皱,这些褶皱在 SEM 下可被清晰分辨,如图 5.2 所示。

借助这些皱褶可以将石墨烯的轮廓"勾勒"出来,因此采用 SEM 也可以表征大面积的石墨烯薄膜。图 5.2 为不同放大倍率下石墨烯的 SEM 图像,在不同放大倍率下观察到的石墨烯的形貌不尽相同。从图 5.2(a)和

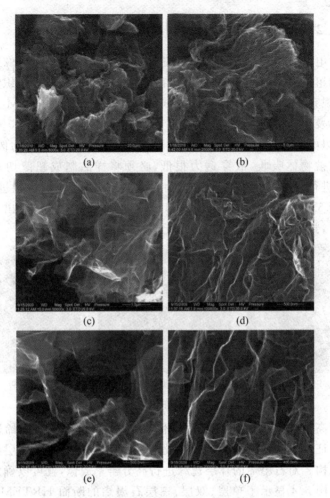

图 5.2　石墨烯在不同放大倍率下的 SEM 照片

(b)中可以看出,用低放大倍率观察,纳米石墨剥离得非常充分,剥离出的石墨烯重新团聚形成了团聚体,可以很明显地看到层面上的褶皱,并且没有很规则的手风琴或枣核状的结构,石墨的层结构被充分打开了。增大SEM 的放大倍率,不但可以在边缘看到很多外伸的薄层,甚至在基片上也发现了贴附在上面的石墨烯。从图 5.2(c)和(d)中可以看出,结构呈现出规整的类手风琴结构或者花瓣结构,这是石墨紧实的片层结构被撑开后形成的。石墨烯薄片或者团聚成絮状的团聚体,或者从边缘伸出,但是尺寸较小,如图5.2(e)和(f)所示。

5.2.2 透射电子显微镜

透射电子显微镜（TEM）是采用透过薄膜样品的电子束成像来显示样品内部的组织形态与结构的。因此，它可以在观察样品微观组织形态的同时，对所观察的区域进行晶体结构鉴定（同位分析）。通过 TEM 可以考察颗粒大小及团聚情况，其分辨率可达 10^{-1} nm，放大倍数可达 10^6 倍。由于 TEM 是以电子束透过薄膜样品经过聚焦与放大后所产生的物像，而电子易散射或被物体吸收，故穿透力很低，必须将样品制成超薄切片才能在 TEM 下进行观察。石墨烯本身就满足这些条件，因此可直接进行 TEM 检测。图 5.3 为石墨烯的低分辨率 TEM 照片，从图中可以看出石墨烯片层的轮廓，判别石墨烯的存在，但还无法对其层数进行标定。

图 5.3 石墨烯的低分辨率 TEM 照片

采用高分辨率透射电子显微技术（HRTEM）可以对石墨烯进行原子尺度的表征，将石墨烯悬浮在 Cu 网微栅上可以标定石墨烯的层数并揭示其原子结构。对石墨烯的片层边缘进行高分辨率成像，就可以确定石墨烯的层数。图 5.4 显示了单层、双层、三层石墨烯的断面 HRTEM 图像，其中单层和双层石墨烯的对比度较低，较难分辨。

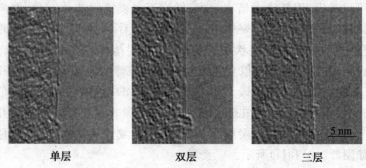

图 5.4 不同层数石墨烯的侧面 HRTEM 照片

石墨烯的原子结构如图 5.5 所示,样品的中心区域存在大面积均匀的石墨烯薄膜。图 5.5(a)插图中能谱分析的傅里叶变换结果表明,石墨烯是六边形晶格结构。在 HRTEM 下,可以直观地观察到石墨烯是由单层碳原子紧密排列而成的二维蜂窝状点阵结构,如图 5.5(b)所示。

(a) 六边形晶格结构   (b) 二维蜂窝状点阵结构

图 5.5 石墨烯的原子结构 HRTEM 照片

采用球差矫正 TEM 对石墨烯的原子结构进行表征,在电子加速电压为 80 kV 时达到了 0.1 nm 的分辨率。因此,可以在不破坏石墨烯薄膜稳定性的情况下对其表面缺陷进行精确检测。图 5.6 为单层石墨烯的 HR-TEM 图像,其中图 5.6(c)和(d)中分别为碳六元环结构中缺少了 1 个碳原

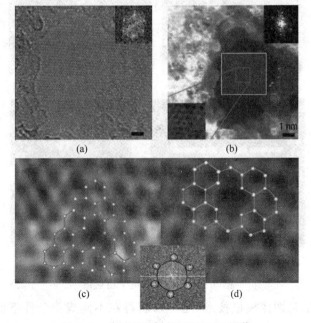

(a)   (b)

(c)   (d)

图 5.6 单层石墨烯的 HRTEM 图像

子和 2 个碳原子时石墨烯的原子结构,这些缺陷的存在主要是为了避免位错和断层的发生。

图 5.7 为石墨烯的电子衍射谱。从 TEM 中还可以表征石墨烯的晶体结构,同时能够准确地判定出单层石墨烯。图 5.7(a) 和(b)分别为多层和单层石墨烯的低分辨率 TEM 图像,其中图 5.7(b)黑点处为单层石墨烯,图 5.7(a)白点处为多层石墨烯。图 5.7(d)和(e)分别是图 5.7(a)和(b)中黑点与白点处的电子衍射谱,显示了石墨烯中碳原子的六边形排列特征。单层石墨烯与多层石墨烯电子衍射图像的主要区别在于:单层石墨烯$\{1100\}$衍射光斑的强度高于$\{2110\}$。图 5.7(c)为采用 Miller 指数标峰的单层石墨烯的电子衍射图,图中白色的直线就是从$\{2110\}$到$\{1100\}$的直线。单层石墨烯的中间两个$\{1100\}$峰强度较高,这是其独有的特征。从二者强度的比值可以得出,单层石墨烯 $I_{(1100)}/I_{(2110)} \approx 1.4$,双层石墨烯 $I_{(1100)}/I_{(2110)} \approx 0.4$。利用这一特征也可以判别单层石墨烯和双层石墨烯,并可以通过统计分析,确定产品质量和单层、双层石墨烯的产率。另外,电子衍射谱也可以用于表征石墨烯边缘区域的卷曲现象。

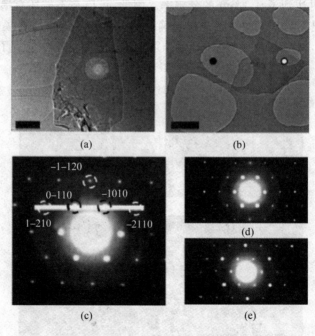

图 5.7　石墨烯的电子衍射谱

此外,借助图像模拟技术,还可以获得在不同成像条件下的 TEM 照片,通过与实验结果的对比,可以深入揭示石墨烯的微观结构。例如,图5.8为石墨烯的原子模型与原子图像。图中显示出石墨烯样品与入射电子束角度不同时,由于石墨烯表面具有周期性的起伏,而呈现出的不同模拟结果。当石墨烯表面存在微观起伏时,其电子衍射谱会发生变化。据此可验证自由悬浮的石墨烯表面发生的诸如"波纹"的结构变化,幅度约为1 nm。如前所述,这些波纹的存在是石墨烯的本征结构特性,用于维持自身的热力学稳定性。当然,也有由于外来杂质,如表面吸附灰尘所造成的。

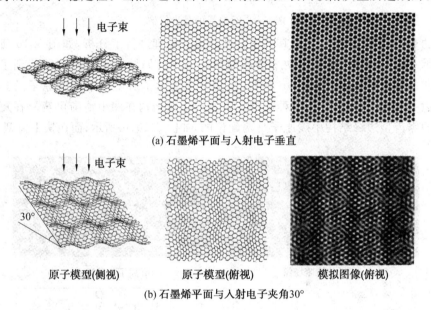

(a) 石墨烯平面与入射电子垂直

原子模型(侧视)   原子模型(俯视)   模拟图像(俯视)

(b) 石墨烯平面与入射电子夹角30°

图 5.8 石墨烯的原子模型与原子图像

同时,结合高分辨率原子尺度成像技术和电子衍射技术,石墨烯晶界的每个原子都可被精确定位。石墨烯的晶界是通过五边形-七边形相对而"结合"在一起的,这样的晶界结构极大地降低了石墨烯的力学性能,但是对其电学性能的影响却不大。采用电子衍射过滤成像技术可以快速地确定数百个晶畴和晶界的位置、取向和形状,如图5.9所示,并用不同的颜色标定出来,而不必对每个晶畴中的数十亿原子分别进行成像。该方法结合了经典的和最新的 TEM 技术,也适用于其他二维材料的形貌表征。

除了石墨烯晶界处的原子构成外,实现边缘处的电子属性在原子尺度的解析也具有同样重要意义。由于边缘处电子信号弱,以及电子束造成的破坏,对轻原子(如碳)的能谱成像一直是个难题。借助能量损失近边精细结构分析(ELNES),获得了单原子的化学信息,成功实现了石墨烯边界处

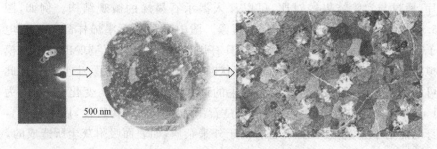

图 5.9　石墨烯的晶界成像

的单原子直接成像,并对其电子特性和成像原理进行了分析,如图 5.10 所示。这一成果对于揭示纳米器件和单个分子的局域电子结构特征起到了非常重要的作用。图 5.10(a)和(b)清楚地显示了石墨烯中的碳原子及其边缘结构的分布情况,两种类型的石墨烯边缘结构在图中清晰可辨。在短的锯齿型边缘结构中碳原子是两配位的,如图 5.10(b)所示;而在扶手椅型

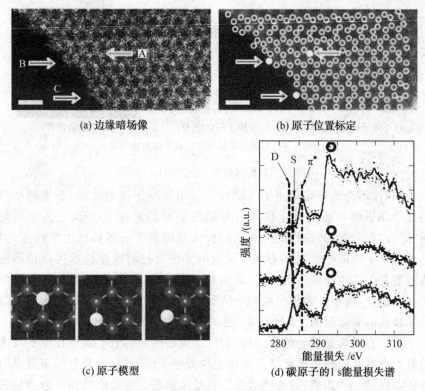

(a) 边缘暗场像　　　　　　　　(b) 原子位置标定

(c) 原子模型　　　　　　　(d) 碳原子的1 s能量损失谱

图 5.10　石墨烯边缘原子结构表征

边缘结构中每个碳原子都键合到石墨烯边缘,如图 5.10(c)所示。图 5.10(d)给出了在单个碳原子位置上的 ELNES 谱,在石墨烯网格内 A 位置上的碳原子在 286 eV 和 292 eV 处出现两个特征峰,分别对应于 π^* 电子能带和 σ^* 电子能带,这与 NEXAFS 的测试结果一致;石墨烯边缘处 B 位置的碳原子在 282.6 eV 处出现了特征峰,相应地,这一个特征峰的出现是由于边缘处的导带能级造成的;接近边缘处每个碳原子都键合到石墨烯上的 C 位置,特征峰出现在 283.6 eV 处,这种边缘态能级与 Klein 边缘类似。值得注意的是,在这个过程中石墨烯的边缘在如此低的加速电压下,不断地被电子束蚀刻着,所以 TEM 观察的石墨烯边缘处于热力学不平衡态。

由此看来,在进行 TEM 检测时,可以借助电子能量损失谱(EELS)来表征石墨烯。EELS 谱常用来区分碳材料,如金刚石、石墨、非晶碳等。对于石墨,碳的 K-边特征峰 285 eV 对应 1s-π^* 跃迁,291 eV 对应 1s-σ^* 跃迁。石墨烯也具有类似的 EELS 谱,如图 5.11 所示。

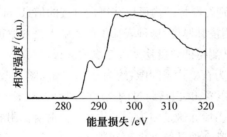

图 5.11　石墨烯的 EELS 谱

此外,SEM 和 TEM 一般都配有能量色散谱仪,可以进行石墨烯表面的元素分布分析。X 射线能谱仪(EDS)是扫描电镜和透射电镜的一个重要附件,利用它可以对试样进行元素定性、半定量和定量分析。其基本原理是根据各元素都具有自身的特征 X 射线,当入射电子与试样作用时,被入射电子激发的电子空位由高能级的电子填充时,其能量以辐射形式发出,产生特征 X 射线。根据产生的特征 X 射线的强度可以估计各元素的含量。

5.3　扫描隧道显微镜

扫描隧道显微镜(Scanning probe microscopy,SPM)是根据量子力学中的隧道效应而设计的。借助 SPM 不仅可以直接观测样品表面的单个原子和表面的三维原子结构图像,同时还可以获得材料表面的扫描隧道谱,进而,可以研究材料表面的化学结构和电子状态。SPM 包括原子力显微镜(Atomic force microscopy,AFM)和扫描隧道显微镜(Scanning tunneling microscopy,STM)两种模式,可以分别对材料的表面形貌和原子结构进行检测。

AFM 是一种利用原子、分子间的相互作用力来观察物体表面微观形貌的新型实验技术,具有原子级的分辨率。原子力显微镜可以用于表征石墨烯纳米片的厚度及层数。利用原子力显微镜测量石墨烯堆垛边缘的尺寸,可以获得石墨烯厚度的直接信息。由于石墨烯的特殊二维物理特性导致其表面的水分子吸附以及与基板间的化学反差,所以已有文献报道,单层石墨烯的厚度大多为 0.6~1 nm,这可能导致无法辨别单层、双层石墨烯或褶皱。原子力显微镜对于堆叠形成的多层石墨烯的测量可以获得更为准确的信息。理论上精确地讲,只有 10 层以下才能称为石墨烯。为了进一步证实所得产物为石墨烯,可以利用原子力显微镜对片层尺寸和厚度进行详细分析。

利用 AFM 鉴别石墨烯结构可以获得最直接的信息,可以直接观察石墨烯的表面形貌,并且测量其厚度,这种表征手段的缺点是效率很低。另外,由于表面吸附物的存在,其测得的厚度比实际厚度要大很多(0.6~1 nm),而石墨单原子层的理论厚度仅为石墨片层间隙,约为 0.34 nm。图 5.12 为石墨烯的 AFM 图像,从图 5.12 可以看出,白线跨过的高度分别为 0.89 nm 和 0.92 nm,从而可以判定其为单层石墨烯。这是因为石墨片在分离时表面附着有机分子,或者与基底之间垫有杂质都会使其厚度大于 0.34 nm。

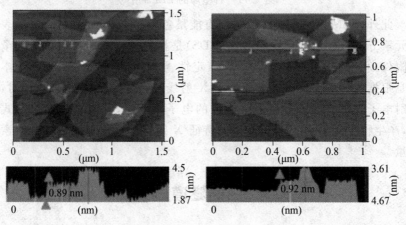

图 5.12 石墨烯的 AFM 照片

石墨烯层数与厚度之间的关系可用以下公式计算

$$N = \frac{P - X}{0.34} + 1$$

式中　N——石墨烯层数；

　　　P——石墨烯的 AFM 实测厚度，nm；

　　　X——单层石墨烯的 AFM 实测厚度，nm。

如前所述，独立存在的悬浮石墨烯或者沉积在基底上的石墨烯，为了维持其自身结构的稳定性会在表面形成"波纹状"的起伏。采用 AFM 表征技术进行观察发现，当石墨烯沉积在云母上时，石墨烯表面的这种微起伏现象得到了极大地削弱，并具有非常小的表面粗糙度，如图 5.13 所示。石墨烯的表面起伏高度为 $-0.578\ 17 \sim 0.108\ 24$ nm，比 TEM 测试过程中 Cu 网上的起伏（图 5.8）1 nm 低近 50%，是最"平"的石墨烯。

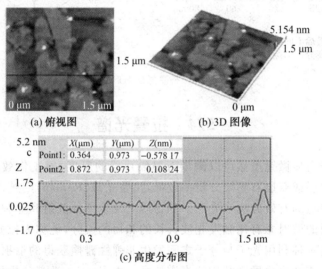

图 5.13　石墨烯在云母表面的 AFM 图像

石墨烯的原子分辨图像可以通过 STM 得到。STM 对样品要求较高，表面需平整、干净。直接生长在 Cu 箔上的石墨烯可以用 STM 直接检测，但是如果是转移到 SiO$_2$-Si 基底上的石墨烯，由于通过光刻技术处理过的石墨烯表面上有一层光刻胶残留物，必须除去方能得到原子图像。

图 5.14 是采用 STM 进行表面检测的石墨烯的表面形貌和 3D 图像。从 5.14(a) 的形貌照片可以清楚地看到石墨烯原子尺度的光滑的表面膜结构，插入图为高分辨率 STM 图像，也进一步揭示了石墨烯的六方晶格结构，同时，在高分辨 STM 图像中还可以观察到石墨烯三重对称性的特征，

也就是在每个碳六元环中六个碳原子中分别出现了三个亮或者三个暗的原子特征。图 5.14(b)是石墨烯薄膜的立体形貌,从图中可以看出,石墨烯是由不同形状、相对中等高度的可以观察到的起伏构成的,这与采用HRTEM 观测的石墨烯形貌一致。

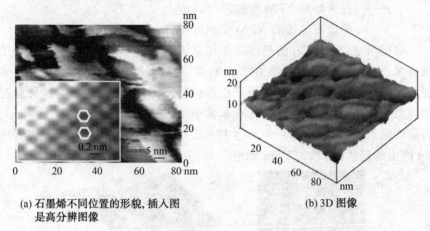

(a) 石墨烯不同位置的形貌,插入图是高分辨图像
(b) 3D 图像

图 5.14　石墨烯的 STM 照片

5.4　拉曼光谱

原子力显微镜虽然可以测量石墨烯片层的厚度,但工作效率较低,并且对于单层或双层石墨烯分辨率较低,拉曼光谱(Raman)则被认为是确定石墨烯层数的有效方法。光照射到物质上发生弹性散射和非弹性散射,非弹性散射的散射光有比激发光波长长的和短的成分,统称为拉曼效应。拉曼光谱是一种利用光子与分子之间发生非弹性碰撞获得的散射光谱,从中研究分子或者物质微观结构的光谱技术。由 Raman 光谱分析可以得到样品微观结构的信息,比如说价态和价键随组分变化的情况,这对我们研究材料的性能和结构之间的关系有很大帮助。目前拉曼光谱分析技术已广泛应用于物质的鉴定,分子结构的研究。拉曼光谱分析法是一种无损检测与表征技术。入射光与样品相互作用,由于样品中分子振动和转动,使散射光的频率(或波数)发生变化,根据这一变化可以分析材料的分子结构。拉曼光谱还可以鉴别单层、双层石墨烯与石墨薄层、块体石墨之间的区别,但是拉曼光谱仅限于少于五层的石墨烯的层数观察,具有一定的局限性,对于多层石墨烯则无法分辨。

图 5.15 是石墨烯与石墨拉曼光谱的对比(激光波长为 514 nm),石墨及石墨烯的特征拉曼光谱主要表现在位于 1 584 cm⁻¹ 的 G 峰和 2 700 cm⁻¹ 的 D′ 峰。其中,G 带为 E_{2g} 振动模式,D′ 带为二阶双声子模式。第三个特征峰位于 1 350 cm⁻¹,在结构纯净的石墨烯中表现不明显,而对于带有缺陷的石墨烯则表现为特征峰。G 及 D′ 峰的位置变化与石墨烯片层的厚度密切相关,单层石墨烯的 G 峰位置与石墨相比要高 3~5 cm⁻¹,而强度基本一致。习惯上,把 D′ 峰定义为 2D 峰,随着石墨烯片层数的减少,2D 峰在形状和强度上都发生了明显的变化。对于石墨,2D 带由两部分组成,其在低位移 $2D_1$ 及高位移 $2D_2$ 处强度分别为 G 峰的 1/4 和 1/2。而对于单层石墨烯,G′ 带在较低位移处为单一尖锐峰,而强度大约为 G 峰的四倍。

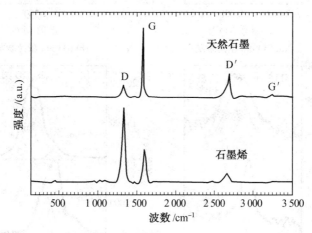

图 5.15 石墨烯与石墨的拉曼光谱

图 5.16(a)和(b)是石墨烯和不同厚度的石墨片层在两种激光波长(633 nm 和 514 nm)激发下的拉曼光谱 2D 峰的对比。从图中可以看出,随着石墨厚度(层数)的增加,峰位右移,峰的叠加现象从双层开始出现。双层石墨烯的 2D 峰由四个子峰叠加而成,如图 5.16(d)所示。中间两个峰的强度高于两个侧峰。随着层数的增加,2D 的强度逐渐下降。位于 1 350 cm⁻¹ 附近的 D 峰为缺陷峰,反映了石墨片层的无序性。当入射激光聚集在石墨烯片层的边界时,会有 D 峰出现。由图 5.16(c)所示的石墨烯和石墨的边界 D 峰对比可知,石墨的 D 峰也由两个峰组成,而石墨烯的 D 峰为单峰。

综上所述,单层石墨烯的拉曼光谱有如下三个特点:

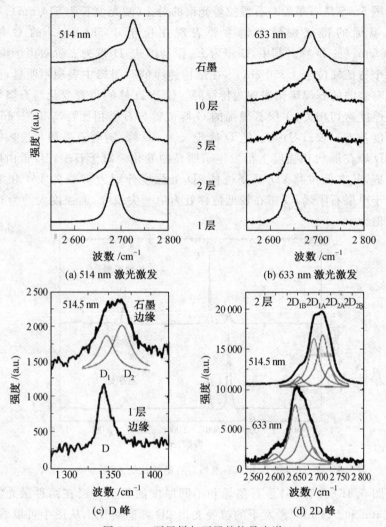

图 5.16　石墨烯与石墨的拉曼光谱

①2D 峰为单峰；

②2D 峰的强度高于 G 峰；

③2D 峰的峰位应较块体石墨向左偏移。

上述拉曼光谱曲线均来源于某一特定点区域,点区域的面积取决于入射光斑的大小。当需要对石墨烯薄膜进行大面积拉曼光谱分析时,则要利用拉曼光谱仪的面扫描功能,控制入射光在指定区域内、在一定波数区间逐点取样。

结构表征是材料研究必不可少的环节,对于石墨烯这种新型的二维单原子层材料来说,更需要系统地研究其各种结构检测技术,以帮助我们更加深入地认识石墨烯的形貌特征、原子和分子结构、能带结构,解析它的微观结构与性能的相关性关系,同时,也便于我们进一步改进石墨烯的制备工艺,提高石墨烯的质量与纯度,为后续的应用奠定基础。

第6章　石墨烯的应用

石墨烯之所以备受关注,是因为它独特的结构使它具有非常优异的性能。纯石墨烯是透明的,比表面积为 2 630 $m^2 \cdot g^{-1}$,被认为是世界上强度最高物质,是钢的 100 多倍,达到了 130 GPa;导电性堪比铜,导热性比目前已知的任何材料都好,热导率高达 5 000 $W \cdot m^{-1} \cdot K^{-1}$。石墨烯可用来制作透明电极、高频晶体管、场发射材料、气体传感器、储能材料、催化剂或药物载体、高性能复合材料、液晶显示屏、透射电镜配件等,能够应用于电子、医疗、储能等诸多领域,同时,它有望让太空电梯、超级计算机等科学梦想变成现实。

6.1　透明电极

在发光二极管、太阳能电池和触摸屏等电子产品中,都需要一种低电阻率同时高透明性的材料。目前主要应用的透明导电材料基本是半导体材料,如氧化锌、氧化锡、氧化铟等,其中比较出色的是 90%氧化铟和 10%氧化锡的复合材料。但是这些材料面临以下问题:成本比较高(铟比较稀缺),工艺要求高,对应用环境敏感,如酸碱腐独等易造成材料损伤和缺陷,并且他们都比较脆,容易受力折断,在诸如触摸屏等器件上的应用受到限制。

石墨烯良好的导电性能和透光性能,使它在透明导电电极方面有非常好的应用前景。触摸屏、液晶显示屏、有机光伏电池、有机发光二极管等,都需要良好的透明导电电极材料。石墨烯的机械强度和柔韧性都比常用的透明电极材料——氧化锡铟(ITO)和掺氟的氧化锡(FTO)优良。目前,ITO 电极材料不仅脆度较高,容易损坏,制备过程中污染严重,而且地球上铟的储量越来越稀少,因此,以石墨烯代替 ITO 作为透明电极已是大势所趋。采用热还原法制备的石墨烯首先被用作透明的石墨烯电极,电导率为550 $S \cdot cm^{-1}$,透明度达到 70%,但是采用这个方法热还原后形成的缺陷和残留的官能团对提高电极的性能构成了障碍。因此,高性能石墨烯的制备是制造石墨烯透明电极的关键。外延生长法被认为是制造高性能石墨烯的有效方法,可以直接在镍片上合成石墨烯透明电极,透明度达到 80%。

最近有研究表明采用 CVD 方法在铜基底上生长的石墨烯透明电极具有90％的透明度和 30 $\Omega \cdot sq^{-1}$ 的面电阻(图 6.1),并且该电极可以转移到柔韧的 PET 片上。这种简单的制造和转移方法使得这种石墨烯透明电极具有商业化前景。

图 6.1　石墨烯/PET 触摸板

韩国三星公司和成均馆大学的研究人员利用化学气相沉积的方法获得了对角长度为 30 英寸的石墨烯,并将其成功转移到 188 μm 厚的聚对苯二甲酸乙二酯(PET)薄膜上,制造出以石墨烯为基础的触摸屏。

石墨烯透明导电膜对于包括中远红外线在内的所有红外线具有高透明性,且其本身具有极高的柔韧性,所以,采用石墨烯薄膜来替代现有电子器件中的透明导电材料,作为新一代有机太阳能电池的柔性透明电极,将极大地提升现有器件的性能。

6.1.1　石墨烯在太阳能电池窗口层上的应用

石墨烯由于具有独特的单原子层二维结构和优异的导电性、透光性,以及高比表面积等特点,使其作为太阳能电池中透明电极窗口层材料、电子受体、空穴收集器、对电极和光活性添加剂等成为可能。因此,这些研究对于推动石墨烯等碳材料在光伏领域的应用具有一定的促进作用。

透明电极窗口层要求材料具备低电阻、良好的透光性和结构稳定性,石墨烯的出现为太阳能电池导电窗口层提供了新的理想材料。石墨烯作为太阳能电池导电窗口层材料具有如下优良特性:

①电导率高;

②可见光和红外光的透明度高,在 1~3 μm 波段的透明度大于 70%;

③力学性能、化学和热稳定性好;

④表面光滑;

⑤润湿性可调;

⑥制备工艺较简单,有望实现低成本、大规模工业化生产。

另外,在太阳光谱中,红外波段占据了相当一部分的太阳辐射能量,但现有的大部分太阳能电池都无法把红外线作为能量源来有效利用。除了有效的光电转换本身不易实现之外,现在被广泛应用的 ITO 和 FTO 透明电极对红外线的透射率都比较低。在一般情况下,要确保大范围波长领域的透明性,载流子的密度越低越好。但是,由于电导率与载流子的迁移率和载流子密度的乘积成正比,如果载流子的迁移率过低,即意味着电导率较小。最典型的一个实例就是玻璃这种绝缘体,虽然高度透明,但无法导电。石墨烯由于具有非常高的载流子迁移率,可以说是唯一一种能够避免这类问题的材料,因此对于石墨烯来说即使载流子密度非常低,也能确保一定的导电率。

在新型的有机太阳能电池中,以石墨烯薄膜作为窗口层电极材料受到人们的广泛关注。石墨烯作为窗口层材料的应用,主要是凭借其优异的电学和光学性能替代有机太阳能电池中的 ITO 层,起到透明导电的作用。

有机太阳能电池从材料上分为高分子聚合物太阳能电池和有机小分子太阳能电池,从结构上可分为双层异质结结构、体异质结结构和分子异质结结构。下面以体异质结聚合物太阳能电池为例介绍一下太阳能电池的结构。体异质结聚合物太阳能电池包括两种结构:正型有机太阳能电池和反型有机太阳能电池,其结构如图 6.2 所示。

正型结构器件的主要结构为:ITO/PEDOT:PSS/有机活性层/LiF/Al;有机活性层由电子给体材料和受体材料混合制得,如 P3HT(3-己基噻吩聚合物)与 PCBM 的异质结界面复合层。以石墨烯作为透明电极层,顶层是以石墨烯替换 ITO 作透明电极层,第二层为 PEDOT 与 PSS 的混合层,混合层经过旋涂(亦称为甩膜)在140 ℃退火处理约 15 min 后,形成约 40 nm 厚的薄膜层。第三层为 P3HT(3-己基噻吩聚合物)与 PCBM 的异质结界面复合层,层厚约 160 nm。最后为氟化锂蒸发形成的阴极。从能级图可以看出,多层状结构的有机太阳能电池更利于激子分离成载流子及载流子的后续传输。

反型结构器件的主要结构为:ITO/TiO$_2$/有机活性层/PEDOT:PSS/Au。在传统的正型有机太阳能电池中,PEDOT:PSS 溶液的酸性对 ITO 有腐蚀作用,铝电极易氧化,严重地影响了电池的稳定性。反型有机太阳能电池以 ITO 为阴极,n 型半导体材料 TiO$_2$,ZnO 等无机材料作为电子传输层,而阳极采用稳定性好的高功函数金属 Au 或者 Ag,避免了PEDOT:PSS 与 ITO 的接触,更有利于收集空穴和提高器件的稳定性。

但它同样引入了新的问题,活性层与电极功函数不是特别匹配,这些都会从一定程度上影响有机太阳能电池的光电转换效率。研究发现,通过改进电极修饰层可以提高反型有机太阳能电池的光电转换效率。

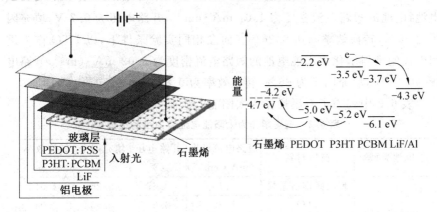

图 6.2　有机太阳能电池三维结构示意图及能带图

在 AMl. 5 光照条件下测试石墨烯替代 ITO 后的有机太阳能电池的性能,短路电流密度为 2.39 mA·cm^{-2},开路电压为 0.32 V,填充因子为 27%,转换效率达到了 0.21%,见表 6.1。石墨烯透明电极与 ITO 电极相比,性能稍差,主要原因是由于石墨烯疏水性的特点,使得 PEDOT:PSS 混合层很难在其表面均匀地涂覆,同时,空穴也难以进入到石墨烯壁垒之中。采用紫外光照射或者芘丁酸琥珀酰亚胺酯(Pyrene Buanonic Acid Succinimidyl Ester,PBASE)对石墨烯表面进行修饰,通过在石墨烯表面引入 OH 与 C=O 等官能团,可以改善石墨烯的疏水性能。从表 6.1 中可以清楚地看出,改性后的太阳能电池的各项性能指标都有较大提高,其中,采用 PBASE 修饰的石墨烯作为有机太阳能电池窗口层的透明电极转换效率是 ITO 电池的 55%。

表 6.1　有机太阳能电池窗口层电极材料性能对比

电极材料	短路电流密度 /(mA·cm^{-2})	开路电压 /V	填充因子 /%	转换效率 /%
石墨烯	2.39	0.32	27.0	0.21
紫外光修饰石墨烯	5.56	0.55	24.3	0.74
PBASE 修饰石墨烯	6.05	0.55	51.3	1.71
ITO	9.03	0.56	61.1	3.10

同样,石墨烯也可以作为染料敏化太阳能电池的窗口层材料。例如,采用氧化还原的方式,将膨胀石墨制成 10 nm 厚的石墨烯薄膜,该薄膜的

电导率为 550 S·cm^{-1}；在 1 000～3 000 nm 的波长范围内，透光率大于 70%。将此薄膜作为染料敏化太阳能电池的窗口层电极材料，并使用 spiro-OMeTAD 作为空穴传输材料，多孔 TiO$_2$ 作为电子传输材料组装成电池，电池的短路电流密度为 1.01 mA·cm^{-2}，开路电压为 0.7 V，填充因子为 36%，转换效率高达 0.26%。而在相同实验条件下，以 FTO 作为透明电极的染料敏化太阳能电池的短路电流密度为 3.02 mA·cm^{-2}，开路电压为 0.76 V，填充因子为 36%，转换效率为 0.84%。

表 6.2 中列举了石墨烯作为太阳能电池窗口层的主要性能。

表 6.2　石墨烯作为太阳能电池窗口层的性能

电池类型	窗口材料	短路电流密度 /(mA·cm^{-2})	开路电压 /V	填充因子 /%	转换效率 /%
有机聚合物 太阳能电池	表面修饰石墨烯	4.18	0.67	0.36	1.01
	ITO	5.39	0.69	0.55	2.04
	CVD 石墨烯	2.39	0.32	0.27	0.21
	CVD 石墨烯-亲水处理	6.05	0.55	0.51	1.71
有机小分子 太阳能电池	表面修饰石墨烯	2.1	0.48	0.37	0.4
	ITO	2.8	0.47	0.54	0.84
	CVD 石墨烯	4.7	0.48	0.52	1.18
染料敏化 太阳能电池	表面修饰石墨烯	1.0	0.70	0.36	0.26
	FTO	3.0	0.76	0.36	0.84

6.1.2　石墨烯/Si 太阳能电池

太阳能电池是一种将光能转化为电能的器件，太阳能电池的基本原理如图 6.3 所示，是光生伏特效应。当入射光子照射到半导体上，其能量大于半导体材料的禁带宽度时，半导体就会产生非平衡的电子-空穴对，使价带的电子跃迁至导带，在价带留下空穴。产生的光生电子和空穴在 p-n 结内建电场的作用下各自向相反的方向运动，p 区的光生电子流向 n 区，n 区的光生空穴流向 p 区。器件的两端就产生了电势差，这个电势差称为光电压。在器件两端连接一个外电路，就会产生光电流。石墨烯是一种典型的半金属，功函数约为 4.8 eV，当它与功函数低于该值的 n 型半导体结合时，即可形成肖特基结。以铜和镍为基底制备出的不同厚度的石墨烯薄膜，可见光透过率为 50%～97%（波长 550 nm），面电阻在数十至千 Ω·sq^{-1} 量级。石墨烯薄膜与 n 型单晶硅结合可构成石墨烯/Si 肖特基结，

并可进一步组装成太阳能电池,如图 6.4 所示,其光电转换效率达到
1.0%~5.0%。在该电池结构中,石墨烯既能够与 Si 形成异质结,又能有
效传输载流子,并可作为电池的透明电极。这种石墨烯/Si 太阳能电池结
构为发展碳基太阳能电池奠定了基础。

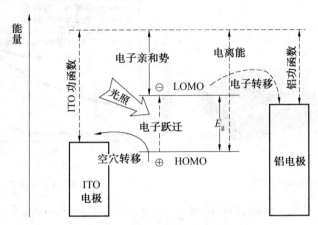

图 6.3　有机太阳能电池光转化过程

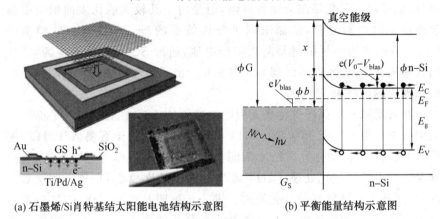

(a) 石墨烯/Si肖特基结太阳能电池结构示意图　　(b)平衡能量结构示意图

图 6.4　石墨烯/Si 肖特基结太阳能电池结构示意图

　　近年来,基于石墨烯和硅的新型肖特基结太阳能电池发展迅速,很显
然,该结构的器件制备简单,并有利于光的吸收和载流子分离传输。鉴于
这些优点,石墨烯和硅的肖特基结太阳能电池的研究已有很多,例如多层
石墨烯和平面硅的太阳能电池;结合双三氟甲磺酰亚胺(TFSA)掺杂石墨
烯并且将硅片放置在空气中使其表面形成氧化钝化层的方法,得到了光电
转换效率为 8.6% 的高效率太阳能电池。电池效率由未掺杂时的 1.9% 提

高到8.6％，显示了石墨烯修饰掺杂的重要作用，该值也是目前硅和石墨烯
太阳能电池的最高效率。图 6.5 给出了该器件的结构示意图以及器件的
光伏测试结果。

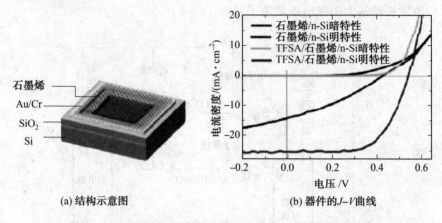

(a) 结构示意图　　　　　　　　(b) 器件的 J-V 曲线

图 6.5　平面硅和石墨烯的肖特基太阳能电池光伏测试结果

　　除了平面硅之外，硅的纳米结构（如硅纳米线阵列）能有效地增加光的
吸收，也可以与石墨烯结合制备电池，但是由于其较大的比表面积会引起
表面较大的电荷复合，从而限制了器件效率的进一步提高。硅纳米线
（n-SiNWs）和石墨烯的肖特基太阳能电池，通过 $SOCl_2$ 掺杂石墨烯，器件
的效率从 0.68％增加到 2.86％。图 6.6 给出了器件的结构示意图以及器
件的光伏测试结果。

　　在石墨烯和平面硅肖特基太阳能电池的基础上，在石墨烯和平面硅之
间加入了一层聚 3-己基噻吩（P3HT）有机层，制备基于石墨烯/P3HT/平
面硅的有机-无机杂化异质结太阳能电池。以石墨烯作为透明电极，通过
硅表面的甲基化钝化处理、P3HT 厚度的调节以及石墨烯的掺杂和层数的
调节，制备了性能较好的杂化器件。进一步证明基于石墨烯/P3HT/平面
硅的有机-无机杂化异质结太阳能电池在制备低成本、高效率太阳能电池
中具有极大的潜力。

　　图 6.7(a) 给出了平面硅和 P3HT 的杂化异质结太阳能电池的器件结
构示意图。该器件结构也可以看作是石墨烯/平面硅的肖特基结太阳能电
池，其中 P3HT 作为电子阻挡层插入石墨烯和平面硅之间。为了深入了
解器件的实际结构，图 6.7(b) 给出了多层石墨烯（FLG）/P3HT/Si 的截面
高分辨透射电镜（HRTEM）表征的形貌。从图中可以看出，该器件有一个
层状堆叠的结构，单晶硅上覆盖了一层 P3HT 有机薄膜，之后是由单层石

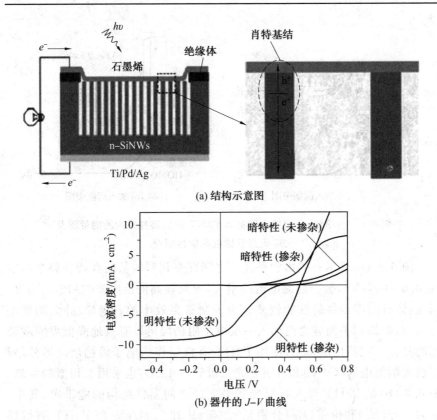

(a) 结构示意图

(b) 器件的 J–V 曲线

图 6.6 硅纳米线阵列和石墨烯的肖特基太阳能电池光伏测试结果

墨烯堆积成的多层石墨烯和 P3HT 紧密接触层。

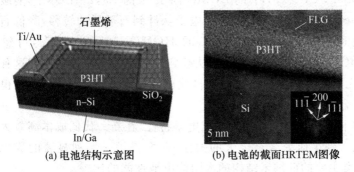

(a) 电池结构示意图

(b) 电池的截面 HRTEM 图像

图 6.7 PLG/P3HT/Si 电池

为了深入了解 P3HT 加入前后对器件性能的影响,图 6.8 为石墨烯和平面硅之间加入 P3HT 前后的器件结构能带图以及相应光照下的电荷输运情况。

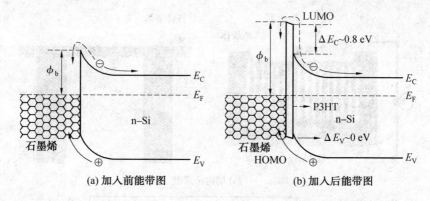

(a) 加入前能带图　　　　　　　(b) 加入后能带图

图 6.8　石墨烯/平面硅之间加入 P3HT 前后器件结构的能带图及
对应光照下的电荷输运情况

图 6.8（a）显示石墨烯和平面硅之间存在相对较低的肖特基势垒高度（ϕ_b 0.6～0.7 eV），会引起漏电流的增大，导致较高的反向暗饱和电流密度。因此，该种类型器件的性能较差。为了制备高效率的石墨烯/硅太阳能电池，在石墨烯和平面硅之间加入一层电子阻挡层可以有效地降低界面载流子的复合。在器件制备中，使用 P3HT 有机层作为电子阻挡层。另外，对有机太阳能电池（OPV）和有机发光二极管（OLED）也采用了相似的策略。图 6.8（b）是 P3HT 加入石墨烯和平面硅之间器件结构的能带图，其中，硅的导带（E_c）和价带（E_v）分别是 4.05 eV 和 5.17 eV，而 P3HT 有机层的最低未占有分子轨道（LUMO）和最高占有分子轨道（HOMO）分别是 3.2 eV 和 5.1 eV。P3HT 的 LUMO 高于 Si 的 E_c，E_c-LUMO 能级补偿约为 0.8 eV，该势垒高度可以阻挡电子从硅到石墨烯的转移，降低石墨烯电极处电荷的复合。同时，P3HT 的 HOMO 接近 Si 的 E_v，可忽略的 E_v-HOMO 能级补偿，促进了空穴从硅到石墨烯的高效输运。在这种器件结构中，无机和有机界面处较强的自建电场促进了载流子的输运，也能减小表面复合速率。

硅纳米结构具有优异的光学及电学特性，在新一代低成本高效太阳能光伏领域受到了研究人员极大的关注，并取得了一系列显著的成果。图 6.9 为几类主要的硅纳米结构的太阳能电池性能的比较。

1. 硅纳米结构p-n结光伏器件

将传统的 p-n 结构引入到硅纳米结构中可以充分利用硅纳米结构优异的陷光能力，提升器件光伏性能。例如，利用深紫外光刻结合金属辅助化学刻蚀法制备了硅纳米孔阵列，测试发现该纳米孔阵列具有高的光吸收能力。

随后,利用扩散的方法制备了硅纳米孔阵列 p-n 结太阳能电池,该器件的能量转换效率高达 9.51%,明显优于相同工艺条件下的平面硅器件。

2. 硅纳米结构肖特基结光伏器件

肖特基结光伏器件可以避免传统的 p-n 结器件制备过程中所需的昂贵的设备以及复杂的工艺步骤,因此,可以大幅度地降低器件的制备成本。利用新颖的碳纳米管薄膜或者石墨烯与硅纳米结构形成的肖特基结光伏器件能够充分地利用碳纳米管薄膜或石墨烯的高透明性,保证大部分的入射光照射到肖特基结区,因而能够有效地提升器件光伏性能。例如,将石墨烯与硅纳米线阵列结合构建了肖特基结光伏器件,研究发现,采用 $SOCl_2$ 对器件进行掺杂能大幅度提升器件光伏性能,如图 6.9(a)和(b)所示。

3. 硅纳米结构/有机物杂化光伏器件

无机物/有机物杂化光伏器件能够充分地利用二者不同的光吸收特性,并且能够通过调控界面的能带匹配来改善光生电子和空穴的传输特性,因而对构建高性能光伏器件至关重要。目前对硅纳米结构/有机物杂化光伏器件的研究取得了一系列较为显著的成果。例如,斯坦福大学的 Jeong 等人利用纳米小球作为掩膜并结合反应离子刻蚀的方法制备了硅纳米锥阵列结构,并在其表面旋涂一层有机物 PEDOT：PSS 层,构建了杂化光伏器件,测试发现,其优异的性能得益于硅纳米锥阵列优异的陷光能力,该器件具有比平面硅器件大得多的光生电流密度,其能量转换效率高达 11%。另外,采用硅纳米线阵列/P3HT 杂化光伏器件,通过优化 P3HT 层的厚度以及调节硅纳米线的密度,器件的能量转换效率可达 9.2%,如图 6.9(c)所示。

4. 硅纳米结构光电化学光伏器件

光电化学光伏器件允许使用价格低廉的多晶、非晶或薄膜材料制备光电极,且其中的异质结界面势垒是自然形成的,不需要复杂的工艺进行人工制备,因此能够大幅降低光伏器件的成本,对实现太阳能光伏的大规模转换具有重要意义。目前对硅纳米结构光电化学光伏器件的研究也越来越多,例如采用 Pt 纳米颗粒和碳薄膜对硅纳米线阵列表面进行钝化修饰,进而制备了硅纳米线阵列光电化学光伏器件。该器件的能量转换效率高达 10.86%,远高于未采取任何表面钝化修饰的光伏器件,如图 6.9(d)所示,进一步的测试还发现该光电化学光伏器件具有优异的稳定性。鉴于硅纳米结构在太阳能电池中的重要作用,制备类石墨烯结构的硅烯纳米结构也将成为未来太阳能电池材料的发展方向。

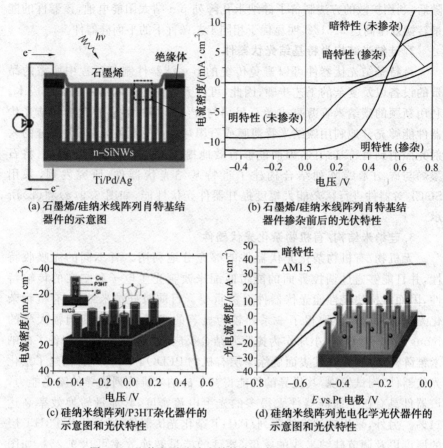

(a) 石墨烯/硅纳米线阵列肖特基结
器件的示意图

(b) 石墨烯/硅纳米线阵列肖特基结
器件掺杂前后的光伏特性

(c) 硅纳米线阵列/P3HT杂化器件的
示意图和光伏特性

(d) 硅纳米线阵列光电化学光伏器件的
示意图和光伏特性

图 6.9　几种主要硅纳米结构太阳能电池性能的比较

6.1.3　石墨烯/碳纳米管复合薄膜

化学气相沉积法所制备的单层石墨烯薄膜透光性良好,但面电阻较大且分离和转移过程中易出现薄膜不连续的情况,从而,降低了其导电性和强度。作为同族材料,碳纳米管沿轴向具有较高的电子迁移率,并且具有较大的比表面积、高抗拉强度和弹性模量,因此,由碳纳米管"编织"成的薄膜被认为是制作透明、导电、柔性电极材料的首选。但是,由于自身结构(直径、手性、缺陷等)和管间电子传输方式、制备过程中杂质的引入等因素的影响,其导电性受到一定的限制。另外,碳纳米管薄膜呈网络结构,管束间存在较大的空隙,这些空隙虽有利于透光,但却削弱了薄膜的导电性。将石墨烯与碳纳米管复合使用,利用二者的优势互补,既可有效地发挥碳纳米管薄膜的连续网络结构,又可利用石墨烯的二维片层结构来填补空隙,彼此取长补短,在不显著降低复合薄膜透光性的前提下增强其导电性,并使其强度有一定的提高。图 6.10 为采用液相分散混合法,将石墨烯与碳纳米管进行混合,获得的复合薄膜的结构示意图,经 SOCl₂ 处理后,在可见光(波长为 550 nm)下的透射率为 86% 时,薄膜的面电阻为 240 Ω·sq⁻¹,远远低于化学气相沉积法制备的单层石墨烯薄膜的面电阻(在 kΩ·sq⁻¹ 量级)。

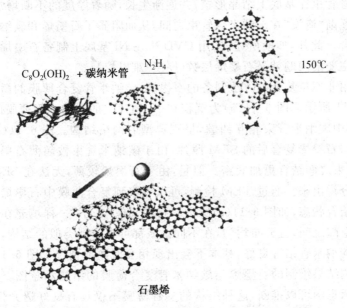

图 6.10　石墨烯/碳纳米管液相复合结构示意图

　　石墨烯/碳纳米管复合方式可以采用原位复合和非原位复合两种方式。非原位复合法通常是采用化学气相沉积法分别获得碳纳米管薄膜和沉积在 Cu 箔上的石墨烯薄膜,然后借助一定的物理方法在不破坏薄膜结构的前提下将二者结合起来,再采用 FeCl₃ 水溶液刻蚀去除 Cu 箔,并用去离子水漂洗,得到透明的复合薄膜,以获得具有良好的光学和电学性能的复合结构材料。该方法操作简单,易于实现,它综合运用了碳纳米管和石墨烯的结构相似性,彼此间亲和力强,比表面积高的特点。同时,在刻蚀过程中,由于碳纳米管网络的支撑作用,对石墨烯薄膜的破坏降低。

　　借助石墨烯薄膜和碳纳米管薄膜在制备方法上有很多相似性的特点,也可以采用原位法一步直接合成石墨烯/碳纳米管复合薄膜。在高温条件下,通过控制化学气相沉积反应条件,在碳纳米管管束的空隙之间生长石墨烯,实现二者的直接结合。这种方法将碳纳米管和石墨烯的制备整合在一起,在 Ni 箔渗碳过程中,碳纳米管生长并沉积在 Ni 箔片上。在冷却过程中石墨烯在 Ni 表面析出,将碳纳米管"托"起,该方法的优点是复合薄膜原位生长、一步完成,缺点是碳纳米管与石墨烯直接的结合力较弱。采用原位复合法难以实现石墨烯/碳纳米管复合薄膜的有效制备,这主要是因为在碳纳米管覆盖区域,管束相互纠缠,阻碍了碳原子在基底上的结晶形核,因而,只能团聚成微小颗粒散落在管束上或空隙中。同时,石墨烯透过碳纳米管管束在基底上结晶形核,并逐渐生长,随着厚度的不断增加,石墨烯薄膜逐渐"淹没"在碳纳米管管束之间,从而阻碍了石墨烯和碳纳米管的有效复合。此外,如前所述,采用 CVD 法在 Ni 基底上制备石墨烯存在的一个最主要的问题就是石墨烯层数(厚度)难以控制。

采用非原位复合的方法制备的石墨烯/碳纳米管复合薄膜的微观结构如图 6.11 所示。图 6.11(a)为沉积在 Ni 箔片上的碳纳米管薄膜的 SEM 图像,其中碳纳米管束相互纠缠,呈现典型的网络结构。图 6.11(b)为碳纳米管与石墨烯复合后的 SEM 照片,由于碳纳米管束被超薄石墨烯薄膜覆盖,管束之间结合更加紧密。但是,由于石墨烯较薄,无法在 SEM 照片中清晰分辨出来。通过 TEM 检测,可以观察到复合薄膜中石墨烯与碳纳米管的结合状态,如图 6.11(c)所示。石墨烯像"补丁"一样填充在碳纳米管束的空隙之间,且分布均匀,在不同区域都可观察到类似的结构,表明石墨烯与碳纳米管结合良好,基本不会出现相互脱离的情况。图 6.11(d)是根据检测结果绘制的石墨烯与碳纳米管复合薄膜的结构示意图。由其微观结构示意图可以推断,这种结构的复合薄膜不仅具有良好透光性,同时还具有增强的导电性。

表 6.3 给出了采用上述非原位法制备石墨烯/碳纳米管复合薄膜样品的透光率和面电阻之间的变化关系。选取 5 个具有不同厚度(透光性)的碳纳米管薄膜,在复合石墨烯前后分别测试其在紫外-可见光区域(波长 550 nm 处)透过率的变化,并采用四探针法测量其面电阻的变化。由表 6.3 可以看出,碳纳米管薄膜在复合石墨烯薄膜之后,导电性有了一定程度的增强,其面电阻分别降低了 6 $\Omega\cdot sq^{-1}$,10 $\Omega\cdot sq^{-1}$,13 $\Omega\cdot sq^{-1}$,9 $\Omega\cdot sq^{-1}$ 和 31 $\Omega\cdot sq^{-1}$。低透过率的碳纳米管薄膜的面电阻降低较少,而高透过率的碳纳米管薄膜面电阻降低较明显。此结果与透过率的变化趋势一致,共同说明了在碳纳米管薄膜管束间隙较大时,石墨烯的作用更为显著,它可以有效地填补空隙,连接碳纳米管管束,从而极大地提高了复合薄膜的导电性能。

(a) 碳纳米管薄膜的 SEM 照片   (b) 复合薄膜的 SEM 照片

(c) 复合薄膜的 TEM 照片   (d) 复合薄膜的结构示意图

图 6.11　石墨烯/碳纳米管复合薄膜的微观形貌照片

表 6.3　石墨烯与碳纳米管复合后透过率与面电阻的变化

| 透过率变化(550 nm)/% | 0.9 | 2.4 | 2.7 | 1.8 | 3.7 |
| 面电阻变化/($\Omega \cdot sq^{-1}$) | 6 | 10 | 13 | 9 | 31 |

采用具有高透光性和导电性的石墨烯/碳纳米管复合薄膜制备太阳能电池的电极有利于提高电池性能。在石墨烯/碳纳米管复合结构中，光生载流子可以实现有效地分离和输运，石墨烯薄膜平铺在 Si 表面上，作为连接 Si 与碳纳米管的"中间过渡层"。Si 在光照下生成光生载流子(电子/空穴对)，石墨烯能够及时将空穴转移到碳纳米管上，而碳纳米管可以高效地转移光生空穴，避免光生载流子的复合。

6.1.4　透明电极的其他应用

1. 液晶显示

将机械剥离法制备的数层石墨烯薄膜作为透明电极应用于液晶器件中，也具有很好的应用效果。为了改变器件中的液晶取向，需要在器件两端加一个方波电压信号。测试结果表明，整个电极区的衬度变化非常稳定,这说明石墨烯中的电场分布均匀,对于液晶的排列没有产生负面影响。单层石墨烯对于可见光的吸收只有约 2%;同时,石墨烯电极与聚乙烯醇(PEG)配向层的接触使石墨烯层产生了浓度约为 3×10^{12} cm^{-2} 的 n 型掺杂,从而导致石墨烯的面电阻只有 400 $\Omega\cdot$ sq^{-1},而其透光率仍能达到 98%。因此,采用石墨烯作为透明电极,具有较传统的 ITO 薄膜更高的透过率和电阻特性。另外,石墨烯作为液晶器件的透明电极还具有较好的化学稳定性,可以避免由于器件工作过程中离子注入引起的残像问题。

2. 在 LED 器件中的应用

ITO 作为发光二极管(LED)光电器件的透明电极已得到广泛应用,但是由于 ITO 作为 LED 光电器件具有成本较高,透光率也不尽如人意(特别是在蓝光和近紫外光区),化学特性不够稳定,离子阻挡效应弱等缺点,因此,引入特性更优的透明电极材料代替 ITO 是非常必要的。将石墨烯作为透明电极引入 LED 器件中可以较好地改善电极的透光特性,降低电阻,提高器件的可靠性。研究人员已经对石墨烯在有机材料 LED、宽禁带无机半导体材料 LED、纳米阵列材料 LED 和 LED 器件在不同衬底上的转移,以及 LED 大规模集成等方面的应用进行了较为深入的研究。在无机化合物半导体 LED 器件的制备过程中,如何将外延沉积的多层薄膜结构或纳米阵列从衬底上剥离下来并转移到更大的或者柔性材料的衬底上,是一个较为棘手的问题。研究人员通过利用石墨烯层间的范德瓦耳斯力较弱的特点,将石墨烯引入衬底与器件结构之间,从而较容易地实现了 LED 器件与衬底的分离,并将其转移到玻璃、金属、塑料等其他衬底上。另外,LED 器件的大规模工艺集成问题对于器件能否实现规模化工业生产也是至关重要的,目前基于石墨烯透明电极 GaN 材料的 LED 工艺集成方面的研究已有报道。

6.2　电子器件

石墨烯具有优良的电流传输特性,载流子的迁移速率很高,达 1.5×10^5 cm$^2\cdot$V$^{-1}\cdot$s^{-1},在特定条件下(如低温骤冷等),甚至可以达到 2.5×10^5 cm$^2\cdot$V$^{-1}\cdot$s^{-1},且不受温度及化学掺杂的影响。同时由于石墨烯只有单原子层厚,小于亚微米,电子在这个距离上行进时是没有散射的,这时载流子会表现出弹道运输的形式。这些特性使得石墨烯可以被用来制造室温弹道运输晶体管。另外,高的费米速度和低的电阻接触也使石墨烯具有了制造高频转换晶体管的可能性。更因为石墨烯在纳米尺度非常稳定,用它制造的晶体管的尺寸也会大大减小，可以制造纳米尺寸单电子晶体管。正是由于石墨烯所具有的这些种种优良性能，被人们认为有可能成为硅的替代者。总之，用石墨烯做晶体管可以减小元器件的尺寸，提高集成度，这样的设备运行速度会提高，可制造出超级计算机。

现在计算机芯片和其他电子元件之间的电气接线用的材料是铜，如果用石墨烯进行替换的话，可以大大减小电阻和发热量，甚至可以通过石墨烯自组装等方法，直接得到半导体器件和互连线，从而获得全碳集成电路。

IBM 研究中心院士及纳米科学与技术部经理 Avouris 表示，他们的实验室已经测量到最快的石墨烯晶体管，其运行频率在栅极长度为 150 nm 时可以达到 26 GHz，根据峰值频率随栅极长度减小而增加的特性，石墨烯晶体管的频率可以达到太赫兹。层状石墨烯技术可以有效地解决使用窄带石墨烯作为晶体管通道所带来的噪声问题。例如，通过碳化硅的热降解生长制备出三层石墨烯组成超薄外延生长的石墨烯膜具有明显的二维电子气性能。低温电导范围宽，4 K 下，方块电阻从 1.5 Ω 到 225 k Ω，带有正的磁导率，低电阻样品显示其二维弱区域化特征。利用还原沉积于 Si/SiO$_2$ 基体上氧化石墨片制备石墨烯，电导测试表明化学还原后的石墨烯的电导率增加 10 000 倍，在门电压由 +15 V 变化到 −15 V 区间内，化学还原的石墨烯具有场效应反馈。

6.2.1　场效应晶体管

石墨烯是目前已知导电性能最好的材料，石墨烯中载流子的超高速迁移率吸引了大批科研技术人员尝试制作具有弹道传输特性的石墨烯基晶体管。石墨烯对垂直的外加横向电场具有较为显著的反应，这一特性可以用来制作场效应管。2004 年，经测量发现，石墨烯场效应管的开关比在室温下小于 30，而性能优异的场效应管的开关比应该在 $10^4 \sim 10^7$ 之间。因此，研究者们采取了裁剪石墨烯纳米带、化学改性、物理改性等方法来提高石墨烯的开关比。2008 年通过化学改性的石墨烯的开关比被提高了 6 个数量级，已经可以满足场效应管的需求。

石墨烯基晶体管的研发速度远远快于碳纳米管基晶体管，1991 年 Iijima 发现了碳纳米管而备受到关注，然而经过了 6 年半的时间，第一个碳纳米管场效应管才出现，直到 2004 年 GHz 的碳纳米管才被发明。与碳纳米管相比，石墨烯在被发现短短 2 年半以后，第一个石墨烯晶体管就被制备出来，而在第一个石墨烯晶体管出现后仅仅一年多的时间，石墨烯场效应管的频率就被提升到 GHz。随后石墨烯场效应管的频率又被提升到

100 GHz以上。2011 年 4 月,IBM 公司展示了最新的石墨烯基晶体管,该管截止频率高达 155 GHz,选通脉冲宽度从 550 ns 降到了 40 ns,并且受温度影响很小,是目前 IBM 公司最小的晶体管。而碳纳米管基场效应管的频率目前仍只在 80 GHz 左右。

从贝采利乌斯在 1824 年第一次提纯出硅单质到 1947 年硅基点接触式晶体管被研制,这期间的时间为 123 年,之后又用了半个世纪的时间来提高硅纳米管的响应频率。碳纳米管从发现到制备 80 GHz 碳纳米管基场效应管花费了 13 年。而石墨烯从首次制备到研发 100 GHz 以上的超小型石墨烯基晶体管,却只有 4 年左右的时间。研究进程的迅猛发展让我们相信,在未来硅集成电路到达它的极限的情况下,石墨烯有可能取代硅成为新一代电子计算机的核心。

下面分别介绍石墨烯的场效应特性、石墨烯场效应晶体管(GFET)的分类以及石墨烯场效应晶体管的应用。

1. 石墨烯的场效应特性

从石墨烯的能带结构可知,单层石墨烯是零带隙的半金属,在电场的作用下,狄拉克-费米子可以从电子(或空穴)连续转变到空穴(或电子)。在电场为零时,导电载流子浓度为零,称为狄拉克点。在距离狄拉克点较远的地方,石墨烯中只有单一的载流子,其浓度和栅极电压的关系为

$$n_{e,h} = aV_g$$

式中　n_e——电子浓度;

　　　n_h——空穴浓度;

　　　a——栅极的电荷注入率;

　　　V_g——栅电压。

由此可见,载流子浓度与栅电压呈线性关系。

电阻率为

$$\frac{1}{\rho} = en\mu$$

霍尔系数为

$$R_H = \frac{1}{en}$$

通过施加双极性的栅电压,石墨烯的载流子可以在电子和空穴之间连续变化。负栅压使石墨烯成为空穴导电,正栅压使石墨烯成为电子导电,最终使器件的电阻率发生从几千欧姆到几百欧姆的变化,如图 6.12(a)所示。在实验中,可以通过测量电阻率(或电导率)和霍尔系数来证实栅压对

石墨烯载流子的调节作用。在狄拉克点附近,石墨烯中载流子逐渐由电子(或空穴)过渡到空穴(或电子),霍尔系数在此处改变符号(电子为正,空穴为负),此时载流子浓度最小,电阻率最大,电导率达到极小值σ_{min},如图6.12(b)所示。

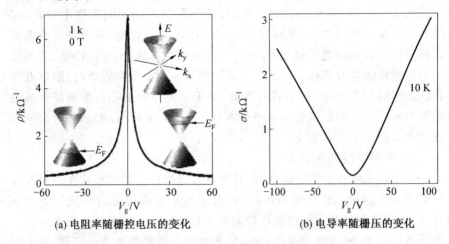

(a) 电阻率随栅控电压的变化　　　(b) 电导率随栅压的变化

图 6.12　石墨烯场效应晶体管

2.石墨烯场效应晶体管的分类

石墨烯最具潜能的应用就是场效应晶体管。2004 年,Novoselov 等人通过机械剥离法制备了单层石墨烯,并构建了第一个基于石墨烯的场效应晶体管。由于石墨烯是二维材料,其场效应晶体管与现有微电子加工工艺相兼容,受到人们越来越多的关注。基于其特殊的能带结构,石墨烯很容易实现双极型器件,且电子和空穴的场效应迁移率比硅材料至少大一个数量级。但是,由于石墨烯的带隙为零,所得到的开关比较低($I_{on}/I_{off}\approx30$,在温度为 300 K 时),且饱和电流无法截止,无法用于逻辑电路。因此,如何调节石墨烯的电子结构,打开其带隙,实现高开关比,是制备石墨烯场效应晶体管的一个很重要的挑战。目前调节石墨烯电子结构的方法主要有以下几种:

(1)石墨烯纳米条带。

通过限制石墨烯横向尺寸,使其成为一维纳米结构。理论计算表明,石墨烯纳米条带限域能隙与纳米条带的宽度成反比。近年来,发展了很多制备石墨烯纳米条带的方法,例如,电子束刻蚀法、纳米线模板法、切割碳纳米管法等。其中,通过化学手段可以制备出分散均匀的非共价键聚合物功能化石墨烯纳米条带,这种方法得到的石墨烯纳米条带边缘非常平滑,宽度小于 10 nm,室温下的开关比可达到 10^7。

（2）多孔石墨烯。

制备石墨烯纳米条带存在工艺复杂、成本高、效率低、产量小等局限,因此,人们发展了石墨烯纳米条带的一种变种——多孔石墨烯。通过在石墨烯上产生大量、高密度的纳米孔洞,使得孔洞之间的间距很小（纳米尺度）,产生量子限域效应,从而打开石墨烯的带隙。目前,制备多孔石墨烯的方法很多,例如:电子束刻蚀法、复合共聚物模板法、纳米压印法、三氧化二铝硬模板法以及其他一些方法。其中通过复合共聚物模板法,能够获得孔洞之间间距为 5 nm 的多孔石墨烯,基于该尺寸的多孔石墨烯场效应晶体管与相同尺寸的石墨烯纳米条带相比,其开关比相当,但是对电流的承载能力提高了 100 A 以上。

（3）使用双层石墨烯。

双层石墨烯也是零带隙材料,其价带和导带以抛物线形状在布里渊区 K 点接触。理论计算结果表明,当在双层石墨烯垂直方向施加一个电场时,K 点附近的能带以所谓墨西哥帽形状打开。最近的实验结果也证实了该预测。例如,通过调节栅压大小,发现双层石墨烯带隙连续可调,最大能够达到 250 meV。

（4）其他方法。

除了上面提到的常用方法外也发展了一些其他方法,例如,形成石墨烯量子点;对石墨烯进行化学修饰将石墨烯中需要绝缘的部分进行氟化,对石墨烯施加应力等。

2010 年 1 月,IBM 公司在 Science 上报道了采用与微电子工艺兼容的碳化硅(SiC)上外延取向生长石墨烯技术,并以 HfO_2 作为栅介质,有机聚合物作为隔离层,成功地制备了 2 英寸晶圆级别的顶栅结构石墨烯晶体管。石墨烯晶体管栅长为 240 nm,截止频率高达 100 GHz,性能超过同样沟道长度的 Si 基 MOSFET 的截止频率（约 40 GHz）,标志着石墨烯器件研究的又一重大进步。

图 6.13 给出了基于 2 英寸石墨烯晶圆的顶栅 FET 的原理图和电性能。图 6.13(a)显示出不同沟道长度的由顶栅控制的 FET 阵列,其中最小沟道长度为 240 nm。在 2 英寸 SiC 晶片上,通过 1 450 ℃下退火,可以得到单层和双层的石墨烯薄膜。经测定,该薄膜具备电子载流子密度为 (3×10^{12}) cm^{-2},且霍尔迁移率高达 $(1\ 000\sim1\ 500)$ cm$^2\cdot$V$^{-1}\cdot$s^{-1}。在制备栅极之前,先沉积一层 1 nm 厚度的聚合物材料,以提高石墨烯同栅极氧化材料接触的界面特性,然后,再沉积高介电材料 HfO_2 作为氧化绝缘层,使石墨烯

的迁移率保持在$(900\sim 1\,520)\,\mathrm{cm}^2\cdot\mathrm{V}^{-1}\cdot\mathrm{s}^{-1}$。通过测试散射参数（S）得到短路电流增益$|h_{21}|$，如图6.13（b）所示，即小信号情况下漏端同栅极电流的比值来显示其高频特性。当$|h_{21}|$为1时，对应的频率即为FET的截止频率。在栅长为240 nm，漏端电压为2.5 V时，测试的截止频率高达100 GHz。如果采用相同沟道长度Si材料的FET，其截止频率仅为40 GHz。通过对比可以看出石墨烯晶体管在RF高频领域极具应用潜力。

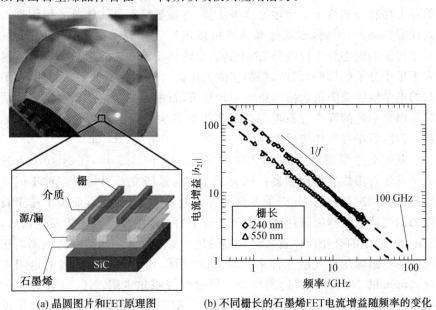

(a) 晶圆图片和FET原理图　　　(b) 不同栅长的石墨烯FET电流增益随频率的变化

图6.13　基于2英寸石墨烯晶圆的顶栅FET

3. 石墨烯场效应晶体管在传感器中的应用

石墨烯传感器通常与场效应管（FETs）密切相关，这是因为与传统的FETs相类似，石墨烯的电子传输性质可以通过瞬间的门极信号来控制。然而，探测信号并不是只能通过场效应机制而获得，石墨烯基电子探测也能够通过其他的机制实现，包括掺杂效应、载流子的散射及改变局域介质环境。所以，石墨烯纳米电子传感器为广泛的传感应用提供了一个通用的平台。

石墨烯作为一种独特的二维材料，具有大比表面积、低焦耳热噪音、超高载流子迁移率、良好的生物相容性等特点，使得石墨烯电导对周围环境变化非常敏感，掀起了基于石墨烯探测器的理论和实验研究热潮。当分子吸附在石墨烯表面时，分子与石墨烯之间通常存在电荷转移，使得石墨烯成了施主或受主，改变了石墨烯的费米能级、载流子浓度和电阻等电学性质。因此，通过构建基于石墨烯场效应晶体管，检测石墨烯电导的变化就可以探测分子含量。由于石墨烯表面吸附气体分子(如 NO_2,NH_3 等)会改变石墨烯本身的电荷密度,从而改变石墨烯的电导率(或电阻率),二维石墨烯具有非常大的表面积,这决定了石墨烯适合做气体探测器或者传感器材料。但是由于石墨烯表面没有悬挂键,本征石墨烯对气体不敏感采用还原后的氧化石墨烯或者对石墨烯进行化学改性等功能化处理可以极大地提高石墨烯探测器的敏感性,相比其他探测器,石墨烯探测器具有极好的导电性和快速载流子传输速度等优势,有希望制作单气体分子探测器等高性能探测器,因而,石墨烯晶体管可以用作气体分子探测器或传感器。对于传统的固态分子探测器,由于其表面的热波动和缺陷引起的噪声远远大于单个分子的影响,因此,探测精度无法达到单个分子水平。此外,石墨烯的电学性能受吸附物质的影响非常显著,石墨烯的结构特点决定了由缺陷等因素引起的噪声在石墨烯探测器中的影响要远小于传统的气体探测器,因此,石墨烯气体传感器有望实现单个分子精度的探测。

基于上述原理,曼彻斯特大学的研究小组于 2007 年,在 Nature 上发表了基于石墨烯气体探测器的研究成果。通过研究石墨烯对多种不同气体的吸收情况,测试并分析了各自独特的电阻率变化曲线,证实了基于石墨烯的气体探测器能够达到单个气体分子的测量精度。石墨烯发现以后,Schedin 和他的合作伙伴首次将石墨烯用于探测气体。他们将机械剥离法制备的石墨烯用作气敏元件来检测 NO_2 气体,通过测量源漏极的电阻变化,1ppm 的 NO_2 可以被检测出来。通过调控霍尔电阻,NO_2 气体分子的吸附或脱附可以由阶梯状的信号观察到。室温下获得的气体极限灵敏度一方面归因于石墨烯极高的电导率,另一方面归因于无缺陷石墨烯极低的固有噪音。

图 6.14(a)为石墨烯分子探测器载流子浓度与吸附量的关系曲线,从图中可以看出,GFET 器件随着吸附 NO_2 分子浓度的增加,其载流子浓度也近似线性增加。器件结构如图 6.14(a)左上插图所示。石墨烯采用机械剥离法转移到二氧化硅衬底上,尺寸达到 10 μm。通过电子束刻蚀制备了 Ti/Au 的金属电极,然后采用氧离子干法刻蚀得到 GFET 器件。通过霍尔测试,其霍尔迁移率达到 5 000 $cm^2 \cdot V^{-1} \cdot s^{-1}$。从图 6.14(a)右下插图可以看出,石墨烯的纵向电阻 ρ 相对于 V_g 对称,霍尔电阻率 ρ_{xy} 相对于 V_g 反对称,表明石墨烯具有完美的本征未掺杂的特性。图 6.14(b)给出了 GFET 的电阻率在 NH_3,CO,H_2O 和 NO_2 四种气体中随时间的变化关系。其中,正向表示电子掺杂,负向表示空穴掺杂。在区域 I 中,器件在真空中没有接触到任何气体,其电阻率变化为零。区域 II 表示器件分别接触上

述四种气体后,阻值变化速率会慢慢趋于饱和。区域 III 表示停止通入气体并且将内部气体慢慢抽走时,石墨烯电阻率基本不变。区域 IV 表示将器件在 150 ℃ 下退火后,由于气体脱附,石墨烯又呈现出本征特性,其电阻率逐渐减小。

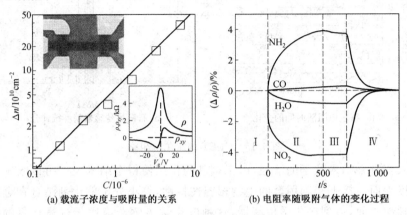

(a) 载流子浓度与吸附量的关系   (b) 电阻率随吸附气体的变化过程

图 6.14　石墨烯分子探测器件

图 6.15(a)为 GFET 的霍尔电阻率 ρ_{xy} 随时间的变化关系曲线。蓝色曲线是将器件置入稀释的 NO_2 气体中,由公式 $\sigma_{xy} = \dfrac{1}{\rho_{xy}} = \dfrac{ne}{B}$ 可以得出,ρ_{xy} 随 n 的增大而减小,反映了石墨烯表面不断吸附的 NO_2 气体分子对石墨烯的掺杂作用。红色曲线则表明,石墨烯晶体管置于 50 ℃ 真空中时 ρ_{xy} 随时间逐渐减小,代表表面 NO_2 分子脱离石墨烯的过程。绿色曲线是将 GFET 器件置于 He 气中的参考曲线。从图中可以看出,曲线有明显的台阶,因此吸收是量子化的。图 6.15(b)统计了电阻率相对于每个台阶对应的分子数量。由此可以推断,这种石墨烯传感器能够达到单个分子的测量精度。

目前,石墨烯探测器对气体分子(NO_2,NH_3,H_2O,CO,DNT,HCN 等)和化学环境与生物物质(pH、金属离子、蛋白质、DNA 等)探测的研究均有报道。此外,也制作出一种可以对氢气进行探测的 GFET 器件,可对空气中仅含有 0.05%(体积浓度)的氢气进行检测。根据电子振动和分子静电势理论,当一个信号传递到一个线性排布的分子上时,信号将以振动的方式传播出去,反过来也会影响这一分子和周围分子的势能。周围分子势能的变化可以被放大成为电流电压的特性。但相关的实验和理论还有待进一步深入研究。

使用氨修饰的石墨烯与金纳米粒子复合可以得到石墨烯/Au 纳米复合材料。如图 6.16 所示,将一种氨修饰的石墨烯滴涂在电极表面,然后再

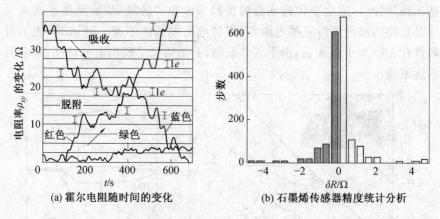

(a) 霍尔电阻随时间的变化　　　(b) 石墨烯传感器精度统计分析

图 6.15　GFET 的霍尔电阻率

浸入含有金纳米粒子的溶液,由于氨基的作用使得金纳米粒子可以吸附在电极表面。接下来利用金的生物相容性特性,将小分子催化剂结合在金纳米颗粒表面,得到电化学传感器,这种电化学传感器应用于过氧化氢的电化学检测得到了非常好的结果,传感器材料对过氧化氢有特定的电化学效应,能够快速、准确地检测溶液中过氧化氢的浓度。

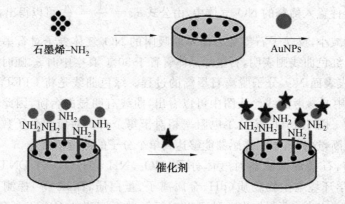

图 6.16　氨基修饰的石墨烯/金纳米颗粒复合材料构筑的电化学传感器

　　石墨烯/CdS 纳米复合材料,也可用于电化学发光传感器材料以检测过氧化氢。该复合材料的制备方法是将 $Cd(NO_3)_2$ 水溶液逐滴加入到石墨烯水溶液中,然后再向溶液中通入硫化氢气体形成 CdS 纳米颗粒并沉积在石墨烯表面得到石墨烯/CdS 纳米复合材料,如图 6.17(a) 所示。随着石墨烯含量的增大纳米复合材料在可见光区域的吸光度逐渐减小,图 6.17(a) 为纳米复合材料的透射电镜照片。将这种纳米复合材料修饰在玻碳电极表面,然后在含有1mM 过氧化氢的磷酸(0.1 M,pH=9)缓冲溶液中进行电化学发光检测。以 $100\ mV\cdot s^{-1}$ 的扫速在 $-0.1\ V$ 至 $-1.5\ V$ 范围内扫描 13 圈都表现出良好的重复性,如图 6.17(b)所示。通过对不同浓度的过氧化氢进行电化学发光检测可以发现,电化学发光的光强与过氧化氢浓度成正比关系。说明这种纳米复合材料通过电化学发光方法可以很好地检测过氧化氢浓度,是一种较好的电化学发光传感器材料。

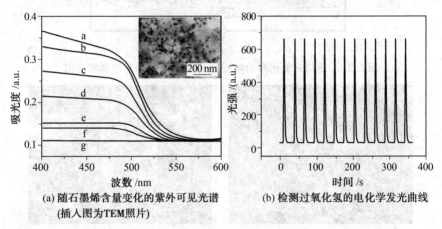

(a) 随石墨烯含量变化的紫外可见光谱
(插入图为TEM照片)

(b) 检测过氧化氢的电化学发光曲线

图 6.17 石墨烯/CdS 纳米复合材料用作电化学传感器

石墨烯基电子生物传感器还可以用于探测生物分子(如糖类、蛋白质和 DNA 等),例如,将 CVD 法制备的石墨烯用于探测葡萄糖和谷氨酸盐功能化的探测器件。如图 6.18 所示,最低的检测浓度约为 0.1 mM 和 5 μM,探测过程中所使用的媒介物分别为功能化的葡萄糖氧化酶(GOD)和谷氨酸脱氢酶(GluD),在酶的催化作用下不断地产生捕获电子的 H_2O_2 分子,从而在 p 型传感器中使石墨烯的电导率得到了提高,这种传感器与单壁碳纳米管薄膜传感器的性能相比提高了很多。

在含有石墨烯的水溶液中,在氢氧化钠与十二烷基苯磺酸钠共同作用的条件下,使用盐酸羟胺为还原剂还原氯化亚铜得到石墨烯/Cu_2O 纳米复合材料,其中得到的氧化亚铜纳米材料为正六面体结构,如图 6.19 所示。

将这种材料用作葡萄糖传感材料,在没有葡萄糖氧化酶存在的条件下,这种材料能够定量、定性地检测葡萄糖,而且表现出很好的稳定性。计时电流实验数据表明随着葡萄糖浓度的变化,电极的电流也随之变化,且呈线性关系,如图 6.20 所示。同时这种传感器可以很好地排除干扰,可以很好地避免多巴胺、抗坏血酸和尿酸的干扰。优异的抗干扰能力将使这种传感器在实际生活中具有很好的应用前景。

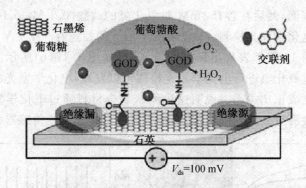

图 6.18　葡萄糖氧化酶功能化的 CVD－石墨烯传感器示意图

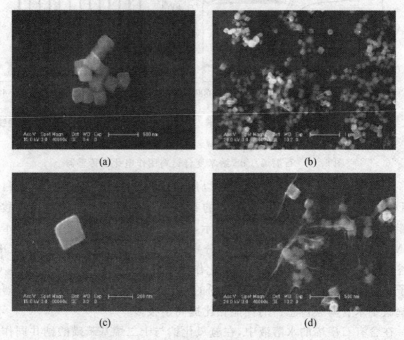

图 6.19　石墨烯/Cu_2O 复合材料的电镜照片

除了气体传感器之外,石墨烯还受电场磁场的影响,因而,在传感器方面具有广泛的应用。

6.2.2　NEMS 器件

纳机电系统(NEMS)在未来的前沿计算机和传感器领域将起到重要的作用,当 NEMS 中的共振器(如结构中的悬挂梁)尺寸降低到 100 nm 左右时,它们会产生非常高的工作频率(最高可达 1 GHz)和极高的灵敏度。

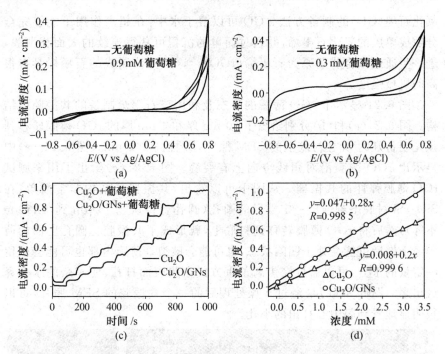

图 6.20　石墨烯/Cu_2O 复合材料用作葡萄糖传感器材料的电化学性能

在此频率下传感器仍要保持一定的灵敏度。目前,高频 NEMS 普遍使用 Si 与 GaAs 这样的材料,他们有较高的杨氏模量($>$100 GPa),而且制备成复杂的平面结构也相对容易。然而,Si 和 GaAs 并不能完全满足当前 NEMS 应用的需求。由于材料的共振频率 f 是由材料密度 ρ 和杨氏模量 E 共同决定的,即

$$f = (\frac{E}{\rho})^{1/2} \tag{6.1}$$

因此,获取密度小,杨氏模量高的材料成为当前 NEMS 制备首要考虑的问题。在现有的材料中,金刚石、碳纳米管、石墨烯等碳结构材料具有最高的 $\frac{E}{\rho}$ 比值,而其中只有一个碳原子层厚的石墨烯是最具吸引力的。利用石墨烯轻巧、异常的坚硬和极高的杨氏模量等机械特性,可以成功地制备出高品质的 NEMS 共振器。

要获得基于石墨烯的 NEMS 器件,制备大面积超薄石墨烯薄膜是关键。采用传统的机械剥离方式(如胶带法)或是在 SiC 衬底上生长石墨烯的制备方法都是不适宜的。这是因为机械剥离法的重复性不够好,而 SiC 衬底对于 NEMS 应用成本又过高。比较适宜的方法是采用第 2 章介绍的

氧化石墨（GO）的制备方法。GO 可以溶于水中，在超声作用下能够完全分散成单层的氧化石墨烯，并通过简单的沉积可获得连续的大面积薄膜，进一步通过水合肼还原为石墨烯（rGO）。这种方法制成的石墨烯具有很高的机械强度。

　　图 6.21 显示了 rGO 薄膜的形态及利用该石墨烯制备的共振腔的结构。图 6.21(a)和(b)分别给出了 20 nm 厚和 4 nm 厚的 rGO 薄膜转移到预先制备好的 Si 柱衬底上的 SEM 照片，Si 柱高 100 nm。图 6.21 (a)中显示出 rGO 薄膜沿对角线方向上有裂缝。图 6.21(c)给出了用来测试 rGO 薄膜弹性的共振器。从图中可以看出，共振器的结构非常简单，在 SiO_2/Si 衬底上刻蚀出一定数目的圆孔（圆孔直径从 $2.75\ \mu m$ 到 $7.25\ \mu m$ 不等），然后将 rGO 薄膜转移到衬底上，就形成了共振腔。圆孔上面的薄膜经干燥后可能会处于凹陷状态，也可能会破裂。薄膜内部也可能会残留一定量的水分，可以通过聚焦离子束方式在膜表面打孔，使多余的水分释放出来。图 6.21(e)是经过干燥处理后的一个共振腔的 SEM 照片，可以很明显地看到膜中心打出的小孔。

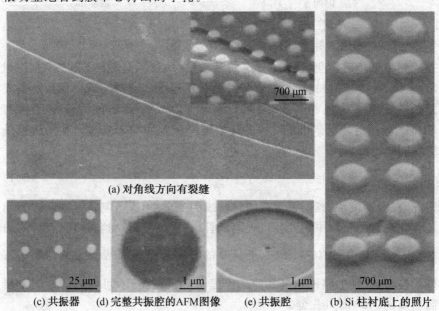

(a) 对角线方向有裂缝

(c) 共振器　(d) 完整共振腔的AFM图像　(e) 共振腔　(b) Si 柱衬底上的照片

图 6.21　石墨烯纳米共振器

　　图 6.22 为采用激光干涉法对共振腔进行的测试曲线。图 6.22(a)表示圆孔直径为 $2.75\ \mu m$ 的 rGO 薄膜厚度与谐振频率之间的关系，红色和

蓝色曲线分别代表平板模式(张力 $T \approx 0$)下,杨氏模量为 1 TPa 和 0.5 TPa 时的理论计算结果,棕色点是实验测量数据。从图中可以明显看出,石墨烯膜的共振频率远大于平板模式下的理论计算结果,这说明薄膜内部有张力。由于这种内部张力加上 rGO 薄膜表面剩余的含氧官能团,使 rGO 薄膜与 SiO_2 衬底具有更强的黏附力,rGO 共振器的品质因数(Q)较纯的石墨烯薄膜有显著提高。图 6.22(b)显示出厚度为 6 nm 的 rGO 薄膜振幅与振动频率的关系,可以看出,该幅频曲线具有与带通滤波器类似的特性。实验测得 rGO 薄膜在室温下的品质因数为 3000 左右。

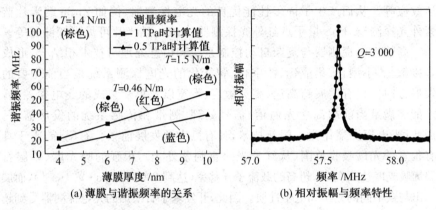

(a) 薄膜与谐振频率的关系   (b) 相对振幅与频率特性

图 6.22 激光干涉法对共振腔的测试结果

6.2.3 光电探测器

光电探测器是基于由辐射引起被照射材料电学性质改变的物理现象,把光信号转换为电信号,并通过检测电信号来检验光信号的器件。光电探测器是光探测器的一种,具有探测灵敏度高,时间响应快,可以对光辐射功率的瞬时变化进行测量,同时具有明显的光波长选择特性。光电探测器可分为两大类:内光电效应器件和外光电效应器件。内光电效应是通过光与探测器靶面固体材料的相互作用,引起材料内电子运动状态的变化,进而引起材料电学性质的变化。例如,半导体光电二极管、PIN 型光电二极管、雪崩光电二极管、光电池等。外光电效应器件是依据爱因斯坦的光电效应定律,探测器材料吸收辐射光能使材料内的束缚电子克服逸出功成为自由电子发射出来。例如,真空光电二极管、真空光电倍增管、微通道板式光电倍增管等,它们是光谱测量中最常用的器件。但是,随着社会的发展和科技的进步,单个光电探测器已经不能满足实际需要,因此,人们研制出列阵探测器。常用的列阵探测器有硅光电二极管列阵(Silicon photodiode array，SPDA），电荷耦合器件（Charge couple device ，CCD）等。

光电探测器种类很多，不同波长的光电探测器用处也各不相同，目前光电探测器广泛应用于军事和国民经济各个领域。例如，X 射线用于医学成像和产品缺陷检测；紫外光用于杀菌、防伪、治疗皮肤病等；红外光用于诊断疾病、探测材料损伤、地质勘探、环境保护、红外遥感、红外热成像、军事侦察等。近年来，随着纳米技术的发展，基于纳米材料的光电探测器越来越引人关注。低维纳米材料由于维度受限，产生了诸多新的物理效应和优越的物理性能，例如量子尺寸效应、小尺寸效应、表面效应、宏观量子隧道效应等。从而产生了许多性能优良的光电探测器，例如 ZnSe 纳米片蓝紫外光探测器，PbS 量子点红外光探测器，In_2Se_3 纳米片可见光探测器等。

高效光电探测器与复杂自动控制系统和信息处理与技术相结合，形成非接触化、小型化、集成化、数字化、智能化的光电探测系统是当前主要的发展方向。只有发展超高速、高灵敏度、带宽以及单片集成的光电探测器，才能够满足当前超高速光通信、信号处理、测量和传感系统的发展需要。因此，光电探测器作为一门新技术，具有巨大的发展前景。石墨烯，由于具有很宽的光谱吸收范围（从红外光一直到紫外光），很强的吸光度（单层石墨烯吸光度达 2.3%），超高的载流子迁移率（达到 200 000 $cm \cdot V^{-1} \cdot s^{-1}$），而展示出与众不同的光学和电学性质。因此，开发基于石墨烯的光电探测器受到越来越多的关注。利用石墨烯制备出超快的光电探测器具有超高带宽（约500 GHz）、宽的波长探测范围、暗电流几乎为零和高的内量子效率等优点。但是，石墨烯较低的光吸收效率，以及缺乏载流子倍增机制限制了它的进一步发展。所以，构建能够提高吸光效率的石墨烯复合结构引起了人们的注意，其中半导体纳米材料/石墨烯复合结构就是很重要的方向。例如，通过构建每个光子产生约 10^8 个电子的超高增益的硫化铅量子点/石墨烯异质结构光电探测器件，甚至能够实现单光子探测。

6.2.4　量子效应器件

由于石墨烯特殊的能带结构，使其具有许多新的电子输运现象，例如石墨烯具有反常量子霍尔效应，不存在弱局域化，具有最小电导值等。另外，由于石墨烯具有弱的自旋轨道耦合，低的超精细相互作用，石墨烯也可能在制备自旋电子器件及其他量子效应器件上发挥很大的潜力。在报道的石墨烯器件中，石墨烯量子点非常引人注目，在未来的量子计算机中可以用来增加自旋量子比特的相干时间。

基于量子效应的石墨烯量子点器件，其结构如图 6.23 所示。将机械剥离的石墨烯转移到 SiO₂(300 nm)/Si衬底上,并覆盖一层 30 nm 厚的聚甲基丙烯酸甲酯(PMMA)薄膜作为高精度电子束光刻的掩膜,然后利用氧等离子体刻蚀多余的石墨烯,以形成所需的石墨烯量子点器件,如图 6.23(a)所示。图中包括:中心岛(直径为 D),量子点接触(宽度为 20 nm),源、漏以及侧栅电极。其中,量子点接触为狭窄的石墨烯区域,连接了中心岛与源、漏,并在其间形成量子势垒。器件的剖面图如 6.23(b)所示,器件是典型的四端结构,可以由栅或衬底控制器件电流。对器件在栅压变化下的电导进行测量,结果表明,量子点器件的工作特性与中心岛的直径有密切关系。

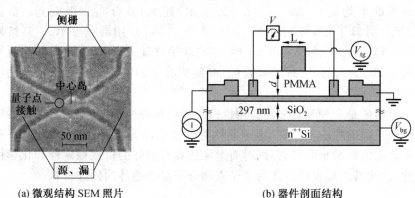

(a) 微观结构 SEM 照片   (b) 器件剖面结构

图 6.23   石墨烯量子点器件

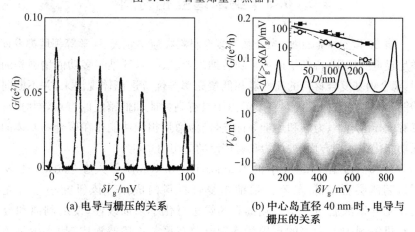

(a) 电导与栅压的关系   (b) 中心岛直径 40 nm 时,电导与栅压的关系

图 6.24   量子点器件的电导栅压测试曲线

在低温下,当量子点器件的中心岛部分直径比较大的时候,量子点器件的电导 G 是关于栅压的周期函数。图 6.24 为量子点器件的电导随栅压的变化关系。从图 6.24(a)中可以看到,随着栅压变化,图中曲线的峰值

对应的横坐标大体是等间距的。同时,峰与峰之间被零电导区隔开。这种电导 G 的周期性变化与已经报道的单电子晶体管的特征完全一致,是由库仑阻塞效应引起的,因此又被称为库仑阻塞峰(CB 峰)。当器件中心岛的直径缩小到 100 nm 或更小时,CB 峰值不再是 V_g 的周期函数,相邻峰之间的间距 ΔV_g 也不再相等。这表明石墨烯量子点的量子限域效应在这个尺寸下已变得非常显著。图 6.24(b)为当中心岛直径缩小到 40 nm 时,栅压随电导变化的关系曲线,从图中可以看出,图中峰值和间距 ΔV_g 的分布已经变得相当随机。从图 6.24(b)的插图中可以看出,量子点变得越小,CB 峰间距的平均值 $<\Delta V_g>$(用方点表示)越大,且分布变得更宽。根据 $<\Delta V_g>$ 计算了 CB 峰间距 ΔV_g 的标准差 $\delta(\Delta V_g)$(用圆点表示)。其结果表明,当量子点直径 $D \approx 40$ nm 时,平均间距波动大小 $\delta<\Delta V_g>$ 与间距平均值 $<\Delta V_g>$ 相当,从而证明了 CB 峰随机分布的特性需要用量子理论加以解释。

石墨烯是一种具有多种应用价值的新材料,量子点尺寸变化可使器件工作在不同的状态下(从单电子晶体管到量子动力系统)。小尺寸器件受量子效应的影响十分显著,同时石墨烯还具有很好的机械稳定性和化学稳定性,因此石墨烯也可以作为量子点和分子尺度器件的候选材料。

6.3 纳米增强相材料

自 20 世纪中期开始,聚合物基复合材料在航空航天、医学等领域都发挥着举足轻重的作用,特别是近年来随着纳米颗粒、纳米纤维等多功能增强相的应用,聚合物基复合材料的高性能和低填充率等优势逐渐体现出来,并不断向多功能和耐久性方向发展。石墨烯由于具有高性能和低密度的特点,同时,它还具有优异的电学、力学和热学等性能,作为增强相和功能相在聚合物基体的增强功能化添加剂方面,被认为具有广泛的应用前景。

2006 年美国西北大学的 Stankovich 和 Ruoff 等人在 Nature 上发表了研制薄层石墨烯-聚苯乙烯纳米复合材料的成果。该研究小组首先使用苯基异氰酸脂对完全氧化的石墨烯进行化学亲油改性,使之剥离和分散在有机溶剂中。剥离的石墨烯均匀分散在聚苯乙烯溶液中,加入少量还原剂即可恢复石墨片层的导电性。在还原过程中,聚苯乙烯的存在有效地阻止了石墨纳米片层的聚集,这是该方法成功的关键。该复合材料具有较低的渗滤阈值,在 0.1% 的体积分数下即可以导电,1% 体积分数下导电率为 $0.1 \text{ S} \cdot \text{m}^{-1}$,可广泛应用于电子材料。氧化态石墨烯只有在还原情况下才能发挥其优异的电学和力学行能,为了解决氧化石墨烯原位还原制备复合材料过程团聚现象的发生,需增加石墨烯在各种聚合物单体中的浸润性。例如,利用苯乙烯磺酸钠包覆氧化态石墨烯,降低石墨烯之间的接触面积,从而阻止其在还原过程中的不可逆自聚。

另外一种较早研发的石墨烯纳米增强相材料——石墨烯/环氧树脂纳米材料,其制备方法是,首先制备石墨烯的丙酮分散液,然后与环氧树脂均匀混合固化后得到复合材料。热导率测试表明厚度小于 2 nm 的石墨烯片非常适合作为环氧树脂的填料,当添加量达到 25% 时,热导率可提升3000 %,达到 6.44 W·m^{-1}·K^{-1}。复合材料出色的热导性能主要由石墨烯的二维单原子层结构,高的纵横比,硬度和低的热界面阻力决定的。但该方法使用了溶剂,使所得复合材料中有出现微纳孔洞的可能。

石墨烯的添加不仅有利于提高聚合物基体的电性能,改善其热传导性能,对于提高聚合物的玻璃化转变温度和复合材料的力学性能也具有重大意义。例如,在聚丙烯腈及聚甲基丙烯酸甲脂中加入仅 1% 及 0.05% 的石墨烯纳米片后,发现其玻璃化转变温度提升 30 ℃。此外,杨氏模量、拉伸强度、热稳定性等一系列力学及热学性质也都得到了提高。同时,使用石墨烯作为增强或改性添加剂的用量,与使用膨胀石墨或者单壁碳纳米管相比可以大幅度减小,主要是由于使用化学氧化热膨胀法制备的石墨烯表面有含氧官能团可以与极性的复合物(如 PMMA)基体有效结合,形成中间相的聚合物微区,在很大程度上影响了聚合物热学和力学的渗滤阈值。

随着石墨烯制备技术、化学修饰和分散技术的渐趋成熟,近年来基于石墨烯的聚合物复合材料研究进展很快。在聚合物基体中,石墨烯对其整体性能的增强取决于两个关键因素:即单层石墨烯的有效分散;以及基体与石墨烯之间的结合强度。与纳米颗粒的团聚和纳米纤维之间发生的纠缠不同,石墨烯材料特别是经过化学还原的石墨烯,由于其平面形貌的特点和层间的相互作用使其很容易发生层间堆叠。为了解决这一问题,一般通过添加表面活性剂或者与聚合物在还原前事先混合的方式来避免石墨烯片层之间的结合。石墨烯在面内具有 sp^2 杂化结构,与聚合物之间的非共价键作用很弱,因而,从增强石墨烯与基体之间相互作用的角度来说,化学修饰石墨烯或者氧化石墨烯比纯石墨烯材料更适合用作增强相。但是,化学修饰和氧化将降低石墨烯的面内性质,这一点在复合材料的设计中也需要慎重考虑。

本节以聚合物基石墨烯复合材料为例,介绍其在轻质多功能材料等领域的应用。以天然鳞片石墨为原料通过氧化还原法制备单层厚度为 1 nm

的二维碳纳米材料石墨烯,并在此基础上制备了具有高强度二维导电和耐热性的石墨烯/环氧树脂纳米复合材料,分析并研究石墨烯对环氧树脂复合体的电学、力学和热学等性能的改善效果。工艺过程如下:

将二甲基甲酰胺(DMF)和 CH_3CH_2OH 在 200 mL 水溶液中混合,并取 100 mg 水合肼还原的氧化石墨烯($R_{N_2H_4}$)和硅烷偶联剂加入其中,在 200 W 条件下超声 30 min 使体系分散均匀。将混合物倒入三口烧瓶,置于 60 ℃油浴中反应 48 h,然后,用乙醇过滤、超声洗涤三次,去离子水过滤、超声洗涤三次。最后,用真空烘箱 50 ℃干燥 48 h 除去残余水分,得到偶联剂改性的石墨烯($R_{N_2H_4}$-KH)。

采用同样的方法将热还原的氧化石墨烯(R_{heat})用偶联剂表面改性,得到产物 R_{heat}-KH。

将氧化石墨烯、水合肼还原的氧化石墨烯、热还原的氧化石墨烯和偶联剂改性的两种还原石墨烯($R_{N_2H_4}$-KH 和 R_{heat}-KH)都采用同样的超声方法与环氧树脂共混制备相应的纳米复合材料。以氧化石墨烯 GO 为例,具体制备工艺如下:

5 g 海因环氧树脂加入到试剂瓶中,在 40 ℃加热 5 min 让其充分融化,形成流动性和均匀性很好的液体;再加入 75 mg 氧化石墨烯在 160 W 条件下超声 1 h,停止超声;将此混合物在 80 ℃保温 5 h,然后继续超声 1 h,得到良好分散的 1.5%氧化石墨烯/环氧树脂复合材料,命名为 GO-EP。

同样工艺,将水合肼还原的氧化石墨烯 $R_{N_2H_4}$ 与环氧树脂复合得到 $R_{N_2H_4}$-EP;将热还原的氧化石墨烯 R_{heat} 与环氧树脂复合得到 R_{heat}-EP;将用水合肼还原并用偶联剂改性的石墨烯 $R_{N_2H_4}$-KH 与环氧树脂复合得到 $R_{N_2H_4}$-KH-EP,将用热还原并用偶联剂改性的石墨烯 R_{heat}-KH 与环氧树脂复合得到 R_{heat}-KH-EP。

6.3.1　力学性能

对采用质量分数均为 1.5%的不同化学方法处理的石墨烯为原料制备的石墨烯/环氧树脂复合材料进行拉伸性能测试,如图 6.25 所示。通过对不同处理方法得到的石墨烯进行比较,发现未经过还原的氧化石墨烯含有最多的含氧官能团,其中羧基和羟基都能在制备过程中与环氧树脂的环氧基团发生作用,从而获得良好的分散性和界面相互作用。

因此,氧化石墨烯/环氧树脂复合材料取得最高的拉伸强度和杨氏模量,分别达到 120.51 MPa 和 11 643.13 MPa,比纯环氧树脂分别提高了 137.47%和 176.94%。其次是水合肼还原+偶联剂改性的石墨烯/环氧

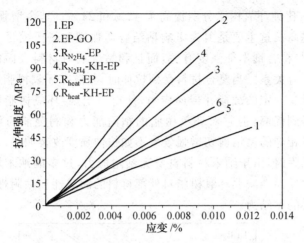

图 6.25 不同化学方法处理的石墨烯/环氧树脂复合材料
（质量分数均为 1.5%）的拉伸应力-应变曲线

树脂复合材料 $R_{N_2H_4}$-KH-EP,拉伸强度和杨氏模量分别提高了91.38%和
153.01%,分别达到了 97.12 MPa 和 10 636.94 MPa。这主要是因为偶联
剂成功地接枝到了石墨烯表面,有效地抑制了自身的团聚作用,同时新引
入的氨基和羟基都能和树脂上的环氧基团反应,提高了树脂基体与纳米填
料之间的作用力,从而提高了复合材料的强度和模量。水合肼还原但未用
偶联剂改性的石墨烯/环氧复合材料的拉伸强度和杨氏模量排在第三位,
分别达到 87.03 MPa 和 8 764.76 MPa,比纯环氧树脂分别提高了 71.51%
和 108.47%,这是由于水合肼只能部分移除石墨烯的含氧基团,残余的基
团仍然在复合过程中改善了石墨烯与环氧树脂的界面结合力,尤其是在
KOH 存在的条件下,—COO—得到了很好的保护。水合肼还原后进一步
热还原的石墨烯,由于本身含氧基团被几乎全部移除,无法进一步与偶联
剂发生表面改性,自身容易团聚,用其制备的复合材料的相容性和分散性
也较差,并且其力学性能提高较小。

　　不同化学方法处理的石墨烯/环氧树脂复合材料（质量分数为 1.5%）
的粘结剪切性能分析曲线如图 6.26 所示。石墨烯对环氧树脂粘结剪切强
度增强效果不如拉伸强度改善明显,最高强度和模量是氧化石墨烯/环氧
树脂复合材料 EP-GO,如图 6.26 中 2 所示。其粘结剪切强度和杨氏模量
分别达到了 11 MPa 和 2 562 MPa,比纯环氧树脂分别提高了 52% 和
31%。其次是水合肼还原后表面改性的石墨烯/环氧树脂复合材料,如图
6.26 中 4 所示。其粘结剪切强度和杨氏模量分别达到了 10 MPa 和

2 432 MPa,比纯环氧树脂分别提高了 42％和 24％。其余增强效果更差,只有少量提高。这主要是因为影响粘结剪切强度和杨氏模量大小的因素很多,不仅与粘合剂本征强度有关,而且和粘合剂对材料表面的粘附力和润湿能力都有关系。当复合材料受到拉伸时,分散在环氧树脂基体内的石墨烯能够承受一定的载荷并传递应力,使得石墨烯/环氧树脂本征态的强度和模量得到提高,但它对环氧树脂的粘附能力和润湿能力没有太大贡献,因此,对相应的粘结剪切增强效果不如拉伸强度改善明显。此外,在与外部材料粘附时,由于纳米材料自身无粘附能力,过多的纳米填料分散在环氧树脂中反而会减弱环氧树脂对外部材料的润湿性和粘附性,从而降低了复合材料的粘结力。

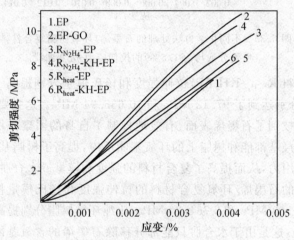

图 6.26　不同化学方法处理的石墨烯/环氧树脂复合材料
(质量分数均为 1.5％)的粘结剪切应力－应变曲线

通过比较以质量分数为 0.3％的石墨烯填充环氧树脂后的性能,发现纳米石墨烯条带具有比多壁碳纳米管高 30％的弹性模量和 22％的强度。力学性能增强的原因分析如下:首先,石墨烯因为两侧都可与聚合物结合,具有更高的比表面积;其次,在多壁碳纳米管复合材料中,一方面缠绕在其周围的聚合物没有起到载荷传递的作用,另一方面其内部缺陷比石墨烯少得多,其与聚合物的键合作用也就弱很多。通过刻蚀技术将碳纳米管展开成纳米石墨烯条带,从而有效地提高了聚合物复合材料的力学性能。

Kim 等人总结了多种聚合物基石墨烯增强复合材料的力学性能及其增强效果,显示出一定的规律性。除个别实验外,大部分的研究结果表明,随着石墨烯分散性的提高,复合材料的整体弹性模量都显著提高,且提高的幅度依赖于石墨烯与基体弹性模量的相对大小。例如,在合成橡胶中,由于石墨烯与基体的弹性模量相差较大,力学性能增强效果尤为显著。

6.3.2 电学性能

图 6.27 为采用不同化学方法处理的石墨烯/环氧树脂复合材料(质量分数均为 1.5%)的体积电导率。从图 6.27 中可以看出,纯环氧树脂是绝缘体,电导率极低。石墨烯/环氧树脂复合材料中,电导率最高的是水合肼还原+偶联剂改性的石墨烯/环氧树脂复合材料 $R_{N_2H_4}$-KH-EP,比纯环氧树脂提高近 6 个数量级。这得益于偶联剂对石墨烯表面性能的改善,使其和环氧树脂有很好的相容性,在超声波作用下能较好地分散在环氧树脂基体中。另外,偶联剂在石墨烯表面引入的氨基和羟基都能在加热条件下和环氧树脂的环氧基团发生反应,进一步阻止石墨烯纳米材料的团聚行为,从而更容易均匀分散形成导电网络,增加复合材料的电导率。水合肼还原的石墨烯,虽未经偶联剂改性,但由于在还原体系中 KOH 的存在保护了部分羧基和羟基,这些基团能够在复合材料制备过程中与环氧树脂中的环氧基团发生反应,在一定程度上阻止石墨烯的团聚。因此也能有效地改善复合材料的电导率($R_{N_2H_4}$-EP),提高约 4 个数量级。热还原的石墨烯其本征电导率高于水合肼还原的石墨烯,但由于其表面含氧官能团少,难以和偶联剂接枝改性,也很难和环氧树脂相容,因此,其改性前后的复合材料

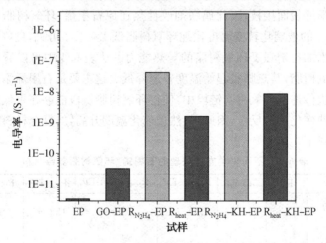

图 6.27 不同化学方法处理的石墨烯/环氧树脂复合材料
(质量分数均为 1.5%)的体积电导率

R_{heat}-EP 和 R_{heat}-KH-EP 电导率都只提高了约 3 个数量级。氧化石墨烯表面官能团多,也极易分散在环氧树脂体系中,但其自身电导率较低,处于绝缘体态,对复合材料电导率提高有限,GO-EP 约提高 1 个数量级。

6.3.3 热学性能

通过复合材料的热机械性能可以测定它的玻璃化转变温度,从而反应填料与基体之间的相互作用和影响,见表 6.4。水合肼还原+偶联剂改性的石墨烯/环氧树脂复合材料 $R_{N_2H_4}$-KH-EP 的玻璃化转变温度比纯环氧树脂提高了 9 ℃,主要是因为偶联剂改性的石墨烯与环氧树脂基体之间存在较强的相互作用,抑制了环氧树脂链段的受热运动,同时良好分散的石墨烯均匀地分布在基体中,也对链段运动起到了拦截作用。同理,氧化石墨烯和水合肼还原的石墨烯由于也能和环氧树脂基体发生同样的相互作用,从而其对应的复合材料 GO-EP 和 $R_{N_2H_4}$-EP 的玻璃化转变温度分别提高了 7.6 ℃ 和 5 ℃。但是,由于水合肼还原的石墨烯和环氧树脂基体可能发生的作用少,玻璃化转变温度提升也小。热还原的石墨烯不能和环氧树脂基体发生较强的相互作用。同时,由于它也难以克服自身的团聚作用,在环氧树脂中分散性差,导致复合材料出现的缺陷较多,反而有较多的空间,便于环氧树脂链段受热运动,从而降低了体系的玻璃化转变温度,热还原石墨烯/环氧树脂复合材料 R_{heat}-EP 的玻璃化转变温度比纯环氧树脂低 4.3 ℃。由于偶联剂难以在热还原后的石墨烯表面接枝,因此偶联剂改性热还原石墨烯/环氧树脂复合材料 R_{heat}-KH-EP 的玻璃化转变温度比纯环氧树脂低 1.7 ℃。可见,良好热导性纳米材料的添加也增强了环氧树脂的导热能力。从表 6.4 中可以看出添加石墨烯的环氧树脂,其热膨胀起始温度普遍降低。这主要是石墨烯添加使得热量能够较快传递到环氧树脂链段中,使得环氧树脂链段能够在更低的温度下对外界条件变化产生反应,因此,虽然玻璃化温度升高,但复合材料的热响应能力却增强了。

表 6.4 不同化学方法处理的石墨烯/环氧树脂复合材料

试 样	EP	GO-EP	$R_{N_2H_4}$-EP	$R_{N_2H_4}$-KH-EP	R_{heat}-EP	R_{heat}-KH-EP
膨胀起始温度/℃	172.65	153.33	164.77	155.38	158.57	156.55
膨胀终止温度/℃	288.32	322.90	306.70	323.57	293.73	300.04
T_g/℃	230.48	238.11	235.74	239.47	226.15	228.30

与导电方面的应用相比,除了热导率之外,聚合物基石墨烯复合材料

的热稳定性对于其热控应用也很重要。氧化石墨在 100 ℃时开始失稳且出现失重,当温度分别为 248 ℃和 652 ℃时开始发生氧化基团和碳键骨架的破坏。进一步的研究发现,采用化学修饰的石墨烯具有更好的稳定性。例如,经 1%质量分数的氧化石墨填充后,PMMA 的热降解温度从 285 ℃增至 342 ℃;而硅酮泡沫的热降解温度从 450 ℃增至 507 ℃。

6.4 储能材料

随着世界经济的快速发展以及世界人口的急剧增长,资源和能源日渐短缺,资源的过度开采和浪费,生态环境的日益恶化,人类将面临着极大的生存威胁,为了摆脱全球化能源渐趋枯竭所造成的能源紧缺,解决环境污染和气候变暖等问题,发展太阳能、风能等可再生能源已成为全社会的共识。因此,人类会更加依赖环境友好、可循环利用、高效率的新能源,这对储能设备有了更高的要求。可再生能源通常具有的分散性和波动性的特点,使其应用起来非常不便。储能设备可以解决可再生能源在空间和时间上的缺陷,为其大规模应用奠定基础。储能设备在现代社会中具有十分重要的地位,日益普及的便携式电子设备和电动汽车的发展对储能设备提出了更高的要求。发展新型高效的储能设备,离不开储能材料的进步。寻找高性能、绿色环保、安全廉价的储能材料,成为科学界和工业界的迫切任务。

碳材料是一种传统的储能材料,通常在储能材料中使用的碳材料是各种不同形态和结构的石墨或石墨衍生物。石墨烯作为具有二维结构的碳的同素异形体,具有超大的比表面积、优异的导电和导热性能,以及良好的化学稳定性,是一种理想的储能材料,在储能材料中具有明显的优势,而石墨烯基复合材料由于兼具各种材料的优点,同时克服了单一材料的缺陷,在锂离子电池、超级电容器、太阳能电池等储能设备中具有广阔的应用前景。本节主要介绍石墨烯基储能材料在超级电容器、锂离子电池电极和太阳能电池等材料中的应用。

6.4.1 石墨烯在超级电容器中的应用

超级电容器是 20 世纪七八十年代发展起来的一种新型的储能器件,由于其环境友好、循环使用寿命长等卓越的性能而具有重要的战略意义,并在世界范围内引起了极大的关注。超级电容器与普通电容器相比具有更高的能量存储密度,与二次电池相比具有更高的功率密度,是介于两者之间的一种储能设备。因此,其主要应用在需要提供瞬时超大电流电力的场合,如电动汽车启动电源、起重装置电力平衡电源和闪光灯电源等场合;以及需要快速充电,如电动工具电源、城市电动公共汽车电源等场合。

　　超级电容器和电池在能量储存机理上和电极材料有着根本的区别。超级电容器有其自身独有的特点:

　　①较高的能量密度($10\ Wh\cdot kg^{-1}$),是传统电容器的 $10\sim20$ 倍;

　　②超大的功率密度($10\ kW\cdot kg^{-1}$),是电池的 $10\sim100$ 倍;

　　③优越的循环性能,可达到电池的 100 倍;

　　④在数秒内进行快速的充放电;

　　⑤自放电慢,漏电流小;

　　⑥安全性高,环境适应性强;

　　⑦原材料成本低。

　　超级电容器作为一种电化学储能设备,其储能机理主要分为两种:一种是电极界面静电荷累积形成的双电层电容;另一种则是在特定电位下,电极表面快速且可逆的氧化还原过程引起的法拉第准电容,又称赝电容。

1. 双电层电容

　　双电层电容器(EDLC),顾名思义是靠电极/电解质界面的双电层来储存能量的。双电层的概念最早是由 Helmholtz 提出的,他通过对胶体粒子的研究,描述了这种相反电荷在胶体粒子界面分布的模型。Helmholtz 模型如图 6.28(a)所示,该模型认为在电极/电解质界面正负电荷形成双层排列,且正负电荷之间的距离为原子间距。但是 Helmholtz 双电层模型没有考虑电解质一侧离子的热运动,因此该模型适用范围有限。后来 Gouy 和 Chapman 将离子热运动因素引入到双电层模型中,建立了 Gouy-Chapman(GC)双电层模型,如图 6.28(b)所示,该模型提出了扩散层的概念,但是却高估了双电层电容。再后来 Stern 结合 Helmholtz 模型和 GC 模型,建立了包含紧密层和扩散层在内的双电层模型,如图 6.28(c)所示,该模型也是目前最被认可的双电层模型。

　　双电层电容的大小和电极有效比表面积成正比,因此,具有高比表面积的多孔材料常作为双电层电容器的电极材料。以多孔碳材料为例,当外界给电极施加一定电压时,电荷会在电极材料表面重新分布,正极材料表面带正电,负极材料表面带负电,为了保持电中性,在库仑力的作用下,溶液中的负离子向正极移动,正离子向负极移动,从而在电极/电解质界面形成了两个双电层,而这种在电极/电解质界面靠静电作用使电荷累积形成的电容被称为双电层电容。在双电层电容器中,能量以电荷的形式储存在电极/电解质界面。

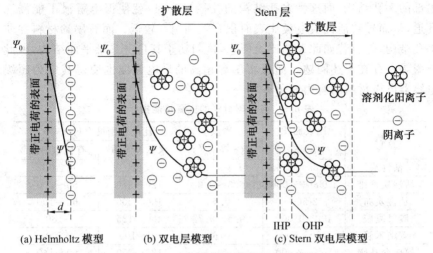

图 6.28　表面带正电荷的双电层模型

2. 法拉第准电容

法拉第准电容器,顾名思义其电容的产生与法拉第过程有关,即在电极/电解质界面存在电子的传递过程,而双电层电容器只是靠单纯的静电荷累积,并不存在电子的传递,这也是这两种电容器的根本区别。准电容的概念是由热力学因素引出的,当发生法拉第过程时,电势的变化 ΔV 是通过电荷 q 的连续函数,得到 $dC = d(q)/d(\Delta V)$,即准电容。当给法拉第准电容器施加一定电压时,电荷在电极活性物质和电解质之间发生了的传递,即在电极表面发生了快速且可逆的氧化还原过程,产生了法拉第电流,此过程类似于电池。目前用于法拉第准电容器的电极材料主要有 RuO_2,MnO_2 和 Co_3O_4 等金属氧化物及氢氧化物材料,其中,RuO_2 因为具有优越的准电容性能而成为研究的热点。比起双电层电容器,法拉第准电容器不仅工作电压更高,而且比电容更大。由于氧化还原的电化学过程不止在电极表面进行,同时也在靠近固体电极表面的体相内部进行,因此,法拉第准电容器具有更高的电容值和能量密度,通常是双电层电容器的 $10 \sim 100$ 倍或更高。但是法拉第准电容器因为存在法拉第过程使得其功率密度要低于双电层电容器。另外,由于氧化还原反应的发生,也使得该类型电容器的循环稳定性要比双电层电容器差。

在石墨烯发现之前,碳材料就已经是一种非常重要的超级电容器电极材料。用于制备超级电容器的碳材料主要有:活性炭粉末、活性炭纤维、碳气凝胶、碳纳米管、模板介孔碳等,各种碳材料作为超级电容器电极材料的主要性能指标详见表 6.5。对于传统的活性炭电极,其比表面积主要来自内部的多孔结构,而这种多孔结构的孔径过小时,就使得电解液不能浸润孔道,从而导致活性炭电极比表面积有效利用率较低。而石墨烯材料并非多孔结构,却有着如此大的比表面积,这归功于其自身二维平面结构,因此石墨烯不存在上述问题。而且石墨烯超高的导电性能也使得其成为超级电容器电极材料的有力竞争者之一。

表 6.5 各种碳材料的主要性能指标

材料	比表面积 /$(m^2 \cdot g^{-1})$	密度 /$(g \cdot cm^{-3})$	比电容密度/$(F \cdot g^{-1})$	
			水基电解质	有机电解质
活性炭	1 000～3 500	0.4～0.7	<200	<100
活性炭纤维	1 000～3 000	0.3～0.8	120～370	80～200
活性炭布	2 500	0.4	100～200	60～100
碳气凝胶	400～1 000	0.5～0.7	100～125	<80
碳纳米管	120～500	0.6	50～100	<60
模板介孔碳	500～3 000	0.5～1	120～350	60～140

美国德克萨斯大学奥斯汀分校的 Ruoff 教授领导的科研团队,在石墨烯的研究上处于国际领先地位,他们把石墨烯作为超级电容器电极材料的研究也颇具建树。他们首次采用化学修饰石墨烯作为超级电容器的电极材料,在水系和有机体系的电容器比电容分别为 135 F·g^{-1} 和 99 F·g^{-1},而且在较大的扫描速度范围内(20～ 400 mV·s^{-1})比电容保持率较高。采用微波辅助法还原氧化石墨来制备石墨烯,该方法快速简便,在 600 mA·g^{-1} 的电流密度下,测得其比电容为 174 F·g^{-1},显示了良好的高倍率性能。目前,他们(同样来自 Ruoff 课题组)采用一种新的方法,制备出了一种高导电性的多孔化学活化还原氧化石墨烯薄膜,将其应用于超级电容器中表现出了优越的性能。该材料的比表面积高达 2 400 $m^2 \cdot g^{-1}$,在 10 A·g^{-1} 的电流密度下,功率密度达到 500 kW·kg^{-1} 左右,此时能量密度仍保持在 26 Wh·kg^{-1},显示出良好的应用前景。

为了能够充分利用石墨烯固有的高比表面积,防止石墨烯单层间的重堆积,通过将石墨烯制备成弯曲石墨烯片结构,并采用离子液体作为电解液,装配成电容器。在 1 A·g^{-1} 的电流密度下,最大比电容达到 250 F·g^{-1},室温下能量密度为 85.6 Wh·kg^{-1},80 ℃ 下更是达到 136 Wh·kg^{-1},能和锂离子电池相媲美。这种高比电容值及高能量密度要归功于石墨烯的这种弯曲结构及离子液体宽的电势窗口(4 V)。采用类似的方法,通过高温及液氮处理将石墨烯制成高度褶皱的石墨烯片,以 6 M 的 KOH 作为电解液,制成超级电容器。在 2 mV·s^{-1} 的扫描速度下,最大比电容为 349 F·g^{-1},比没有褶皱处理的石墨烯电极(183 F·g^{-1})高出近一倍,而且在100 mV·s⁻¹的扫描速度下循环 5 000 次,容量基本没有衰减,显示出来良好的循环性能。

利用水合肼还原制备石墨烯,并将其组装成超级电容器,电解液为30%的 KOH 溶液。实验测得最大比电容为 205 F·g⁻¹,对应功率密度和能量密度分别为 10 kW·kg⁻¹和 28.5 Wh·kg⁻¹,并且在 500 mA·g⁻¹电流密度下循环 1 200 次,比电容的最大值仅仅减少了 10%,显示出了优良的循环寿命。

图 6.29 为超级电容器测试模型的结构示意图。

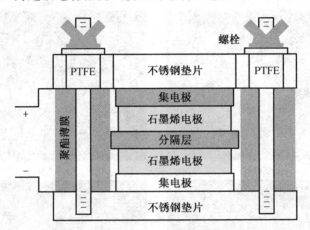

图 6.29　超级电容器测试模型示意图

分别采用四种石墨原料即天然石墨(NG,20 μm)、人造石墨(AG,10 μm)、微米石墨(MG,5 μm)以及细粒石墨(SG,2 μm)制备了石墨烯,研究不同原料对石墨烯电极性能的影响。具体工艺如下:

添加 55 g 的氯酸钾(KClO₃)作为氧化剂,在浓硫酸和浓硝酸混酸的环境下,5 g 的石墨原料被充分氧化,形成非碳插层物。其化学反应是,对于粒径尺寸不同的石墨样品,其被氧化的程度应该是存在差异的,氧化石墨在高温预热的马弗炉中发生快速热膨胀,层间含氢氧元素的官能团化为水蒸气或二氧化碳气体,产生一股对抗石墨层间范德瓦耳斯力的气流,最终将密实的石墨块体,化为蓬松蠕虫状形貌的膨胀石墨,再通过超声分离得到石墨烯。这四种颗粒平面尺寸各异的石墨源,相应地,获得了尺寸可控的石墨烯材料,分别命名为天然石墨烯(NGNS)、人造石墨烯(AGNS)、微米石墨烯(MGNS)以及细粒石墨烯(SGNS)。

图 6.30 为采用四种不同实验原料制备的石墨烯的透射电镜照片,可以对不同原料制备的石墨烯片层的尺寸和厚度做出初步判断。各原料制

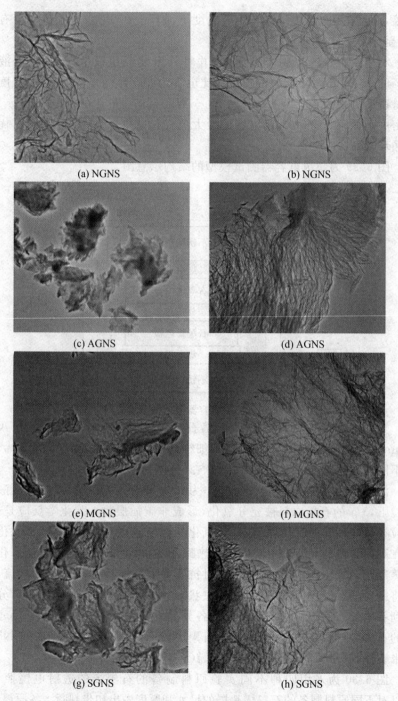

图 6.30　不同石墨原料制备石墨烯的透射电镜照片

备出的碳片皆为透明薄层状,显示出石墨烯的特征形貌。图 6.30(a)和(b)为天然石墨烯(NGNS)片层分别放大 10 000 倍和 50 000 倍的形貌,可以看出石墨烯呈现薄片状,片层较为平整但有很多皱褶,视野中只展示了一大片石墨烯的部分形貌,与其原料相对应,NGNS 的平面尺寸较大,可以在有大尺寸要求的石墨烯中应用,如透明导电薄膜,电子器件柔性屏幕以及物理学方面的研究等,且片层较为透明均一,说明石墨在热膨胀过程中发生了充分的剥离。图 6.30(c)和(d)为人造石墨烯(AGNS)的形貌,尺寸较NGNS 发生明显下降,包含大量细碎的碳片,且具有较多的深色区域,可推断其样品部分厚度相对较高,对应其较小的宏观膨胀倍率;观察其放大图像,如图 6.30(d)所示,可以看到在 AGNS 片层上具有高密度且均匀分布的皱褶,这也是在图 6.30(c)中呈现较多深色区域的原因,这应与其石墨原料的结构性能密切相关,人工合成的人造石墨粒径较小且片层较薄,氧化反应进行得较为充分,在其石墨烯产物中会存在一定量的结构缺陷,而此种皱褶规整细密的石墨烯材料也会有其特殊的应用,如催化剂、生物医药等的载体,在均匀分布的结构缺陷上实现对活性物质的均匀分散。

图 6.30(e)和(f)为微米石墨烯(MGNS)的形貌,其片层较为均一透明,又具有较小的平面尺寸。图 6.30(f)所示的 MGNS 片层的皱褶密度介于 NGNS 和 AGNS 之间,如果以"纸"来形容以上这三种石墨烯材料,则NGNS 如同一大张崭新平整的"石墨烯纸",而 AGNS 类似于一张小块且有非常多褶皱的纸团,MGNS 则为小块且被"搓软"的具有一定程度结构缺陷的平面纸,在双电层电容器的电化学应用上,结构缺陷属于活性位,有利于双电层的形成,而透明的薄层更加充分体现石墨烯作为电极材料的优势,预示着良好的电化学性能。图 6.30(g)和(h)为细粒纳米石墨烯,其原料粒径较为均一,因此得到的石墨烯片层尺寸也相对均一,如图 6.30(h)中所示的透明碳层为典型的石墨烯形貌,而在 SGNS 中分布着大量这样的碳原子薄层,说明氧化和膨胀过程对石墨原料的剥离较为充分。

分别将不同原料制得的石墨烯作为超级电容器的电极材料,在三电极体系中考察其电化学性能。首先进行的是恒流充放电测试,在 0.01~0.9 V 的电压范围内,以 0.1 A·g^{-1} 的恒定电流对电极体系进行充放电。在电极制备过程中,首先需将石墨烯进行超声处理,超声时间的长短对石墨烯的分散程度以及结构都会产生一定影响,这里对超声处理的时间也做了一定的研究,分别采用超声 15 min 和超声 30 min 的处理办法,分析不同尺寸石墨烯分别经 15 min 和 30 min 超声处理后的电化学性能,进而达到对其电容行为的优化。

图 6.31 为经过 15 min 超声处理后的石墨烯所制电极的恒流充放电曲线,各石墨烯电极在初始 50 个循环内电容值发生急剧下降,这主要是由于石墨烯片层表面残留含氧官能团所产生的一定的不可逆赝电容,在开始的几个循环内,不可逆赝电容发生集中的消耗,而在 50 个循环之后电容值达到稳定。在 0.1 A·g^{-1} 的电流密度下,超声 15 min 后制得的石墨烯电极在 500 个循环之后,比电容分别稳定在 145.7 F·g^{-1}(NGNS),137.8 F·g^{-1}(AGNS),181.1 F·g^{-1}(MGSN)以及 167.0 F·g^{-1}(SGNS),四种石墨烯电极材料都表现出较好的容量保持率。

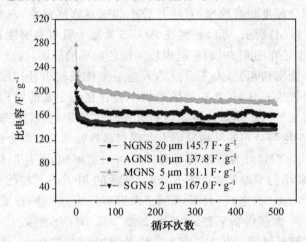

图 6.31 不同石墨烯电极的循环稳定性测试

图 6.32 所示为 20 mV·s^{-1} 扫描速率下四种石墨烯电极的循环伏安曲线的对比。各电极的循环伏安曲线形状基本相同,但比电容的大小存在一定的差异,说明在较为中等的扫描速率下(20 mV·s^{-1}),石墨烯的尺寸对电化学性能仍存在一定的影响。

综合石墨烯电极在各扫描速率下的稳定比电容值,可以看出,在同等条件下,MGNS 电极在各个扫描速率下的比电容值都较其他三种石墨烯电极高,且随着扫描速率的增大,电容保持率维持在 62.0% 左右,显示了良好的循环性能和倍率能力。电极材料本身的物理性质决定了其电化学性能的优劣,同样,对于 MGNS 电极,良好的电化学性能来源于石墨烯的片层尺寸、孔径结构、晶格有序度以及比表面积等多种因素的贡献。由此可见,较小片层尺寸的石墨烯电极材料能够产生更好的电容行为。

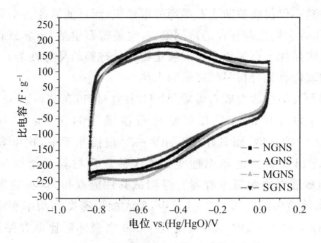

图 6.32 不同石墨烯电极的循环伏安曲线

6.4.2 石墨烯复合材料在超级电容器中的应用

1.石墨烯/金属氧化物复合材料

单一的石墨烯材料作为超级电容器的材料也存在一定问题,因为单层石墨烯很容易发生堆积和团聚,导致实际比表面积要比理论值小很多。例如,石墨烯达到最高比表面积时,其电容值为 $21~\mu F \cdot cm^{-2}$,如按其理论比表面积为 $2~630~m^2 \cdot g^{-1}$ 来计算,理论上石墨烯的比电容可以达到 $552~F \cdot g^{-1}$,但是实际得到的单一的石墨烯超级电容器比电容值在 $100 \sim 200~F \cdot g^{-1}$ 左右,还有很大的提升空间。制备石墨烯复合材料成为提高石墨烯比电容的一个有效方法。而在超级电容器的应用中,复合材料的研究主要集中在石墨烯/聚合物、石墨烯/金属氧化物及石墨烯/其他碳材料这三种复合材料之间。其中,金属氧化物因为具有很高的赝电容,而成为制备石墨烯复合材料的最佳选择之一。

金属氧化物作为超级电容器的电极材料在过去几十年内广受人们的关注,发展也很迅速,其中 RuO_2 等贵金属氧化物不仅具有高的比电容,而且导电性好、倍率性能优越。但是高的原材料成本及潜在的环境危害性限制了这类氧化物的实际应用。取而代之的是 MnO_2,$NiO/Ni(OH)_2$,Fe_3O_4 等常见的金属氧化物材料,这些金属氧化物具有比电容高,原料成本低、对环境友好等特点,成为超级电容器电极材料研究的热点。但是,这类金属氧化物导电性较差,导致功率性能欠佳。而石墨烯优越的导电性能,使它成为了改善这类金属氧化物的最佳选择之一。石墨烯/金属氧化物复合材料不仅仅能够防止石墨烯的重堆积,而且能够改善金属氧化物的导电性,同时它们之间存在的协同效应,也使得石墨烯/金属氧化物复合材料表现出明显优于石墨烯和金属氧化物电极材料的良好性能。目前,对于锰和镍的氧化物复合材料研究最为火热。

采用微波辅助法合成石墨烯/MnO_2复合材料,在 2 $mV \cdot s^{-1}$ 扫描速度下,比电容为 310 $F \cdot g^{-1}$ 几乎是纯石墨烯(104 $F \cdot g^{-1}$)和纯 MnO_2(103 $F \cdot g^{-1}$)的 3 倍,而且在 100 $mV \cdot s^{-1}$ 扫描速度下,比电容保持率为 88 %,显示出了良好的倍率性能。将这种复合材料和活性炭纳米纤维(ACN)组成非对称超级电容器。经测试其性能获得,这种超级电容器在 Na_2SO_4 水溶液中的电压为 0~1.8 V,最大能量密度和功率密度分别达到 51 $kW \cdot kg^{-1}$ 和 198 $kW \cdot kg^{-1}$,而且 1 000 次循环后比电容保持在 97%,表现出潜在的应用前景。此外,通过电沉积的方法制得的石墨烯/MnO_2复合材料,在 1 $A \cdot g^{-1}$ 的电流密度下,比电容高达 476 $F \cdot g^{-1}$,当电流密度增加到 10 $A \cdot g^{-1}$ 时,比电容保持在216 $F \cdot g^{-1}$,也具有优异的倍率性能。

通过水热法将单晶 $Ni(OH)_2$ 纳米片直接沉积在石墨烯上制备出石墨烯/$Ni(OH)_2$复合材料。充放电电流密度为 2.8 $A \cdot g^{-1}$ 时,比电容为 1 335 $F \cdot g^{-1}$,而且在 45.7 $A \cdot g^{-1}$ 这样的超高电流密度下,比电容还保持在 953 $F \cdot g^{-1}$ 左右。此外,在 28.6 $A \cdot g^{-1}$ 的电流密度下 2 000 次循环电容没有发生明显的衰减,显示出了优良的能量、倍率及循环性能。而采用微波辅助的方法制备的石墨烯/$Ni(OH)_2$复合材料,并将其组装成非对称超级电容器,最大比电容为 218.4 $F \cdot g^{-1}$,其中石墨烯/$Ni(OH)_2$复合材料电极的比电容为 816 $F \cdot g^{-1}$,该非对称超级电容器的能量密度达到 77.8 $Wh \cdot kg^{-1}$,远高于现有的铅酸电池,具有极大的应用潜力。使用简单的溶剂热法制备石墨烯/NiO复合材料,当 NiO 和石墨烯质量比为 79:21 时,比电容最高,在 1 $A \cdot g^{-1}$ 的电流密度下,达到 576 $F \cdot g^{-1}$,而纯 NiO 和石墨烯电极的比电容只有240 $F \cdot g^{-1}$ 和 98 $F \cdot g^{-1}$。1 000 次循环后容量基本没有衰减,具有良好的循环稳定性。

采用均相共生法也是制备石墨烯/氧化镍(GN-NiO)复合材料的良好方法。均相共生法的基本原理是通过将两种或两种以上的物质通过在溶液中均相混合的方式得到混合溶液,然后经过真空热处理或热膨胀使几种物质共同生长,最终得到产物。和共沉淀法不同的是,均相共生法的初始产物为氧化石墨及相应的金属硝酸盐,在特定的制备条件下,能够使盐均匀地吸附在氧化石墨烯层与层之间,热处理过程中,氧化石墨烯变为石墨烯,而金属硝酸盐则变成金属氧化物,从而达到了共生的目的。

采用均相共生法制备 GN-NiO 复合材料的工艺过程,主要包括四个步骤:

①将氧化石墨放入烧杯中,加入适量蒸馏水,然后进行超声分散,形成氧化石墨烯水溶胶;

②将事先配制好的一定浓度的硝酸镍水溶液逐滴加入上述水溶胶中,边滴加边超声分散,滴完后继续超声分散一段时间;

③将②中得到的混合液放在真空干燥箱中进行真空干燥一段时间后得到氧化石墨烯/硝酸镍复合薄膜。

④将上述复合薄膜放入高温真空管式炉,进行真空下热处理,最终得到石墨烯/氧化镍纳米复合材料。

将氧化石墨烯和硝酸镍在水溶液中均相混合,真空下热处理后二者各自形成石墨烯和氧化镍的这一过程称为均相共生法。对于那些 $M(NO_3)_x y H_2O$(其中 $M=Ni,Al,Mn,Mg,Cu,Zn,Fe$ 和 Co),由于它们都可以通过热处理的方法得到相应的 MO_x,因此理论上都可以和氧化石墨通过均相共生法制备 $GN-MO_x$,区别在于制备条件由于各自金属硝酸盐的性质不同而不同。

图 6.33 为均相共生法制备石墨烯/氧化镍纳米复合材料的工艺流程图。图 6.34 为石墨烯/氧化镍复合薄膜 TEM 照片和能谱色散 X 射线光谱照片。图 6.34(a)为低分辨率图,氧化镍颗粒均匀地分布在石墨烯上。图 6.34(b)为复合薄膜的边缘图,氧化镍分布在石墨烯层与层之间且颗粒大小不一,直径在 10~50 nm 之间;形状各异,有圆形、椭圆形和不规则三角形等,不同形状有不同晶型;图的下方颗粒分布在石墨烯上,颜色呈暗黑色,图的中部出现不同层数石墨烯的分界点,暗示上部氧化镍颗粒分布在多层石墨烯上和层与层之间,且颜色为深黑色,颗粒颜色深浅与石墨烯的层数以及氧化镍晶型密切相关。图 6.34(c)为复合薄膜 TEM 的高分辨图,粒子直径在 20 nm 左右,存在明显的晶格条纹,选区电子衍射图形(SAED)中的六个点为单晶石墨烯产生的衍射点,而多晶氧化镍衍射产生一系列环,每一个环对应着一种(hkl)面。用 EDX 对复合薄膜的组成进行进一步表征,图 6.34(d)中显示复合薄膜由 C,O,Ni 组成,而且衍射峰明显,其中 C 的衍射峰主要来自石墨烯,同时在 EDX 谱图中还检测到了铜,这是因为在 TEM 测试中用到铜网作为基底,由 O 和 Ni 的质量分数得出形成的氧化物为氧化镍,进一步证实形成了石墨烯/氧化镍复合材料。通过上述表征手段,杨全红等提出了石墨烯/氧化镍复合材料的结构模型图

如图 6.34(e)所示,进一步得出制备的复合材料是一种规则有序的石墨烯-氧化镍-石墨烯层状三明治复合纳米结构。

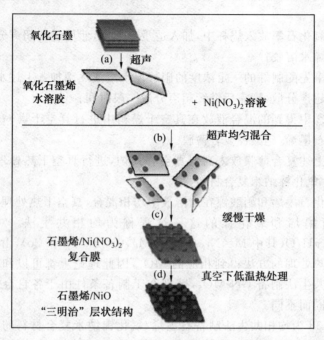

图 6.33　均相共生法制备石墨烯/氧化镍复合材料工艺流程图

采用复合薄膜为工作电极的两电极体系在 20 mA·g^{-1} 电流密度下的进行恒电流充放电性能测试。正负极均采用复合薄膜组装成对称型超级电容器,所用电解液为 1 mol·L^{-1} 的 KOH。超级电容器的首次库仑效率为 33%,即充进去的多放出来的少,可能是首次充放电时电荷在电极表面分布不规则造成的。100 次循环时,比电容衰减明显,达到 42%,而从 100 到 500 次循环的容量衰减仅为 14 %,这时比电容为 17.6 F·g^{-1},趋于稳定。在不同电位区间下比电容的储能机制不同,在 0.5～0.9 V 的电位区间为双电层电容,在 0～0.5 V 的电位区间为双电层电容和法拉第赝电容。

采用电化学沉积法引入 3D 石墨烯(GE)在 Ni 掺杂氢氧化钴复合材料中,对于提高材料的稳定性作用显著。下面介绍以三维石墨稀/泡沫镍网状结构为基底,通过电化学沉积法制备得到的 Ni 掺杂氧化钴/石墨烯/泡沫镍(3DNi$_x$Co$_{1-x}$(OH)$_2$/GE/NF)复合材料,以及不同 Ni,Co 比例对材料的结构形貌及电化学性能的影响。

图 6.35 为 3DGE/NF 上电化学沉积制备的纯 Co(OH)$_2$ 和 Ni$_x$Co$_{1-x}$

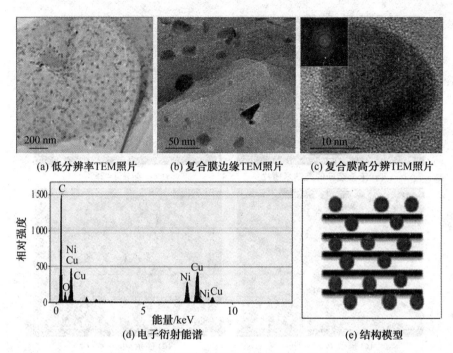

(a) 低分辨率TEM照片　(b) 复合膜边缘TEM照片　(c) 复合膜高分辨TEM照片

(d) 电子衍射能谱　　　　　　(e) 结构模型

图 6.34　石墨烯/氧化镍复合薄膜的 TEM 照片电子能谱和结构模型

$(OH)_2$纳米薄片的扫描电镜照片。图 6.35(a)显示未掺杂 Ni 的纯 $Co(OH)_2$ 纳米片分布稀疏,结构较松散,而经 Ni 掺杂后形成的 $Ni_xCo_{1-x}(OH)_2$ 的纳米薄片交错生长形成多孔结构,如图 6.35(b),(c), (d)。随着样品中 Ni 质量分数的增加,多孔结构趋于均匀,由图 6.35(d) 可以看到,当掺杂质量分数达到 46% 时,样品结构过于致密、交错的纳米片有沿着一个方向延伸的趋势,导致材料表面的孔结构变小,比表面积减小,活性物质利用率下降,从而影响其电化学性能。另外,$Ni_xCo_{1-x}(OH)_2$ 纳米片的厚度也受到了 Ni 质量分数的影响。当 Ni 掺杂质量分数分别为 25%,34% 和 46% 时,纳米片平均厚度分别为 52 nm,35 nm 和 48 nm,而纯 $Co(OH)_2$ 的厚度大约为 40 nm。由此可见,当 Ni 掺杂质量分数为 34% 时,其形貌结构是最佳的,不仅纳米片最薄而且其多孔结构较为均匀,在相同基底面积下,活性物质与电解液接触面积也越大,活性材料能得到更充分地利用,如图 6.35(c)所示。此外,三维网状结构的 GE/NF 作为骨架使得制备的 $Ni_{0.34}Co_{0.66}(OH)_2$ 纳米片具有非常大的比表面积,有利于提高其比电容数值,同时也有利于电解液与活性材料的充分接触,进而提高其倍率性能和循环性能。

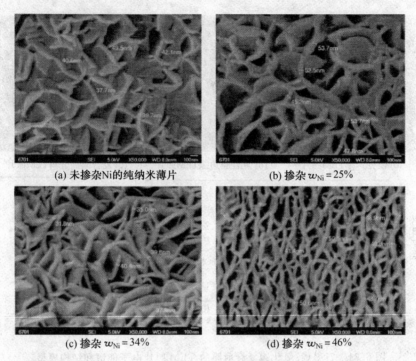

(a) 未掺杂Ni的纯纳米薄片　　　　　　　(b) 掺杂 $w_{Ni}=25\%$

(c) 掺杂 $w_{Ni}=34\%$　　　　　　　　(d) 掺杂 $w_{Ni}=46\%$

图 6.35　3D Co(OH)$_2$/GE/NF(a)和 Ni$_x$Co$_{1-x}$(OH)$_2$/GE/：
NF 电极的扫描电镜照片

图 6.36 为 3DNi$_x$Co$_{1-x}$(OH)$_2$/GE/NF 电极的电化学性能。图 6.36
(a)为各电极材料在扫描电位为 $-0.2\sim0.55$ V 之间和 10 mV·s^{-1} 扫描速
度下的循环伏安曲线。从图中可以看到,纯 CO(OH)$_2$ 电极有两对明显的
氧化还原峰,掺杂 Ni 后除了纯 CO(OH)$_2$ 电极的两种反应外,还有 Ni 的电
极反应。另外,从纯 CO(OH)$_2$ 的 CV 曲线可以看出,Co(OH)$_2$/COOOH
的可逆反应占主导地位,掺杂 Ni 后的 CV 曲线只有两对氧化还原峰,说明
Ni(OH)$_2$ 的氧化还原反应与 CO(OH)$_2$ 的发生了混合叠加。另外,Ni 质量
分数不同,其氧化还原峰的位置也不同,说明镍、钴在不同比例下的协同作
用也不尽相同。当掺杂质量分数为 34% 时,镍和钴的协同作用最佳,
Co(OH)$_2$/CoOOH 与 Ni(OH)$_2$/NiOOH 对应的氧化反应峰很接近,基本
叠加在一起,且积分面积值最大,因而得到的电极具有最佳的比电容。

图 6.36(b)为样品的恒电流充放电测试,Ni 的加入普遍提高了复
合电极的比容量,原因在于掺杂 Ni 后加入了氧化还原电对,活性物质
的可逆氧化还原反应增加。当 Ni 的掺杂质量分数为 34% 时,
3DNi$_{0.34}$Co$_{0.66}$(OH)$_2$/GE/NF复合电极的比容量最高,在 3 A·g^{-1}电流密

度下达到了 1 714 F·g^{-1},远高于纯 Co(OH)$_2$/GE/NF 电极 725 F·g^{-1}的比容量,而 Ni 掺杂质量分数分别为 25% 和 46% 时的比容量分别为 1 341 F·g^{-1}和 984 F·g^{-1}。3DNi$_{0.34}$Co$_{0.66}$(OH)$_2$/GE/NF 复合电极也展现出了最佳的倍率性能,如图 6.36(c)所示,其在 30 A·g^{-1}大电流密度下比容量保持在 73% 达到 1 254 F·g^{-1},远高于纯 Co(OH)$_2$,Ni$_{0.25}$Co$_{0.75}$(OH)$_2$ 和 Ni$_{0.46}$Co$_{0.54}$(OH)$_2$ 电极材料的容量保持率,分别为 68%,63% 和 58%。掺杂 Ni 后 Co(OH)$_2$ 的循环性能也得到了明显的改善。图 6.36(d)为 3DNi$_x$Co$_{1-x}$(OH)$_2$/GE/NF 电极在 10 A·g^{-1}电流密度下经 500 次充放电循环的放电比容量与循环次数关系曲线图。从图中可以看出,3DNi$_{0.34}$Co$_{0.66}$(OH)$_2$/GE/NF 复合电极在 500 次循环后比容量保持率为 83%,达到 1 244 F·g^{-1},而未掺杂 Ni 的 Co(OH)$_2$/GE/NF 电极经过 500 次循环则衰减至 560 F·g^{-1}。

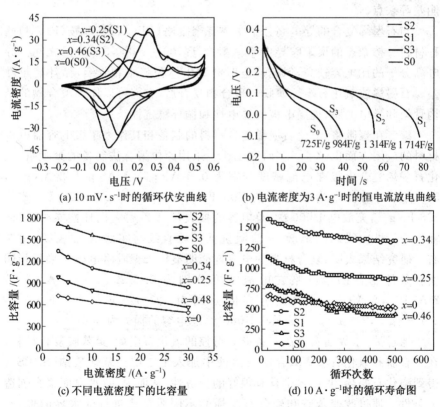

(a) 10 mV·s^{-1}时的循环伏安曲线

(b) 电流密度为 3 A·g^{-1}时的恒电流放电曲线

(c) 不同电流密度下的比容量

(d) 10 A·g^{-1}时的循环寿命图

图 6.36　3D GE/ Ni$_x$Co$_{1-x}$(OH)$_2$ 纳米片电极材料的电化学性能

综上所述,镍的掺杂大幅提高了 $Co(OH)_2$ 的电化学性能,主要是由于掺杂镍后的多相物质间的协同互补作用,形成了结合力较好且均匀的多孔纳米薄片结构,增加了活性物质的利用率,加上三维 GE/NF 基体的优势,极大地促进了电子传输,因而其比容量、倍率性能和循环稳定性都有了极大的提高。

2. 石墨烯/导电高分子复合材料

目前应用到超级电容器中的导电聚合物主要是聚苯胺(PANI)、聚吡咯(PPy)、聚噻吩(PPT)、聚乙二撑噻吩(PEDOT),以及它们的衍生物等。由于导电聚合物导电的先决条件是电子只有在共轭的条件下才能移动,形成导电回路。因此,这些导电聚合物都有一个共同的特点均为共轭结构。导电聚合物电极材料具有易合成、环境稳定性好、成本低、密度小等特点,但是直接应用导电聚合物作为超级电容器的电极材料存在内阻大、循环性能差等缺点。

与石墨烯复合的导电高分子主要有聚吡咯(PPy)和聚苯胺(PANI)两种材料。掺杂态的聚苯胺导电率一般介于 $100\sim1\ 000\ S\cdot cm^{-1}$ 之间。导电高分子的比电容较高,但充放电时会发生体积膨胀和收缩,循环稳定性差。石墨烯或氧化石墨烯薄膜与聚合物复合后,它们可以作为聚合物的结构骨架和导电通路,提高电极的导电性和循环稳定性。

编者在聚吡咯/氧化石墨烯复合材料的制备和其作为超级电容器电极材料的应用方面也做了一些研究工作。采用原位聚合法制备的聚吡咯/氧化石墨烯复合电极在电流密度分别为 $0.5\ A\cdot g^{-1}$,$1\ A\cdot g^{-1}$,$2\ A\cdot g^{-1}$,$5\ A\cdot g^{-1}$ 时的比电容值分别为 $500\ F\cdot g^{-1}$,$460\ F\cdot g^{-1}$,$427\ F\cdot g^{-1}$,$396\ F\cdot g^{-1}$,充放电 $1\ 000$ 次,总电容的损失仅有 2.8%,循环性能稳定;循环伏安特性曲线趋向矩形,交流阻抗低频段直线与实部 X 轴成 $88°$ 角左右。研究结果表明,复合材料的电容性能明显优于聚吡咯电极。采用相同实验条件制备的聚吡咯在电流密度分别为 $0.5\ A\cdot g^{-1}$,$1\ A\cdot g^{-1}$,$2\ A\cdot g^{-1}$,$5\ A\cdot g^{-1}$ 时的比电容值分别为 $397\ F\cdot g^{-1}$,$312\ F\cdot g^{-1}$,$281\ F\cdot g^{-1}$,$248\ F\cdot g^{-1}$,充放电 $1\ 000$ 次,总电容的损失为 5.87%。

通过油/水界面聚合法制备形貌可控的氧化石墨烯/聚苯胺复合材料,在水合肼和氧化石墨烯共存的水溶液中加入十二烷基苯磺酸钠(SDBS),得到磺化石墨烯,其在水中具有很好的分散性,从而为油/水界面聚合创造了条件。通过改变苯胺和磺化石墨烯的不同质量比进行油水界面聚合。磺化石墨烯和苯胺的质量比分别控制在 $1:1,1:5$ 和 $1:10$,产品分别命名为 SGEPA-11,SGEPA-15 和 SGEPA-110。通过改变苯胺的质量来合成

SGEPA-15(1 g 苯胺)和 SGEPA-110(2 g 苯胺),固定磺化石墨烯的质量。苯胺和过硫酸铵的摩尔比控制在 2∶3。为了做对比,在没有磺化石墨烯的条件下,通过界面法制备纯的聚苯胺纤维。图 6.37 为通过油/水界面聚合法合成的纤维状聚苯胺/石墨烯复合材料的微观形貌照片。

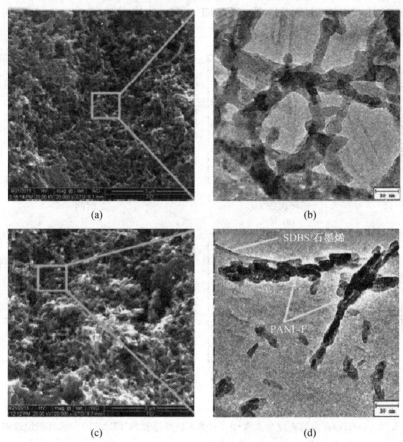

图.37　油/水界面聚合法合成纤维状聚苯胺/石墨烯复合材料的微观形貌照片

(a),(c)SGEPA-110 和 PANI-F 扫描电镜图;

(b),(d)PANI-F

和 SGEPA-110 高分辨透射电镜

聚苯胺纤维的长度为 20～30 nm。从 SGEPA-110 复合材料的 SEM 和 HRTEM 照片中可以看出纤维状的聚苯胺均匀地分散在石墨烯的表面。这主要是由于石墨烯具有很高的比表面积,可以作为支撑材料,对于聚苯胺的合成和形核提供了大量的活性点。

　　图 6.38(a)(c)为聚苯胺纤维和 SGEPA-110 复合材料电极比电容值与循环次数的关系图。从这个曲线可以看出 SGEPA-110 复合材料的比电容值衰减速度低于聚苯胺纤维,展现出较好的循环稳定性能。循环 1 000 次后,SGEPA-110 和聚苯胺纤维的比电容保持率分别为 38% 和 78%。从图 6.38(b)(d)可以直观地看出 SGEPA-110 比聚苯胺纤维具有更好的稳定性。

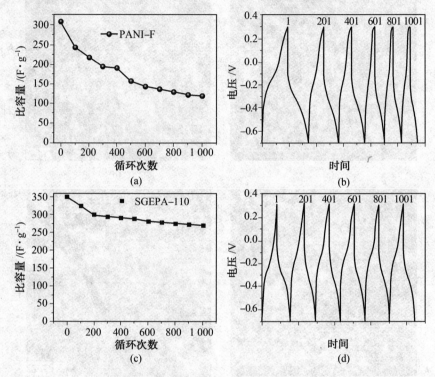

图 6.38　(a),(c)在电流密度是 2 A·g^{-1}时聚苯胺纤维和 SGEPA-110 的循环稳定性能;
(b),(d)在电流密度是 2 A·g^{-1}时在第 1,201,401,601,801
和 1 000 次循环的恒电流充放电曲线

　　通过原位阳极电聚合法制备的石墨烯/聚苯胺复合纸,具有很好的柔韧性和电化学活性,保留了石墨烯纸的层-层结构,机械性能和电化学电容分别增加 43% 和 58%。最大质量比电容和体积比电容分别为 233 F·g^{-1}和 135 F·g^{-1},远高于石墨烯纸以及其他商业化的碳基柔性电极的比电容,在超级电容器柔性电极方面应用前景广阔。

　　通过超声和原位还原的方法制备的石墨烯/炭黑复合材料,微观结构显示出大量炭黑粒子沉积在石墨烯面上。用作超级电容器电极材料表明,

复合物在 $10 \text{ mV} \cdot \text{s}^{-1}$ 扫描速率下的比电容为 $175 \text{ F} \cdot \text{g}^{-1}$,远高于石墨烯的比电容 $122.6 \text{ F} \cdot \text{g}^{-1}$。即使在 $500 \text{ mV} \cdot \text{s}^{-1}$ 的扫描速率下,复合材料的比电容仍高达 $118.1 \text{ F} \cdot \text{g}^{-1}$。6 000 次循环后的电容衰减仅为 9.1%,具有很好的循环稳定性。石墨烯/炭黑复合电极材料优异的电化学性能是由于炭黑的加入不仅防止了石墨烯片的聚集,而且改善了电极-电解液表面的可进入性,提高了电极的导电性。

通过真空抽滤的方法制备出的石墨烯(GN)/聚苯胺纳米纤维(PANI-NFs)复合薄膜。这一复合薄膜具有层状结构,PANI-NFs 被石墨烯片层以三明治的形式加在中间,具有机械稳定性和很高的柔韧性,能够弯曲成任何角度,折叠成多种几何形状。与单纯的聚苯胺纳米纤维膜相比,复合薄膜的电导率是其 10 倍以上,达到 $550 \text{ S} \cdot \text{m}^{-1}$。把这种柔性导电的复合薄膜应用到超级电容器上,具有很高的比电容以及高的循环稳定性。与单纯的石墨烯或者聚苯胺纳米纤维相比,这一复合薄膜在超级电容器的应用上有以下几方面的优点:

①首先,由于其自由态的性能和高的柔韧性,能够通过简便的机械手段把它变成任意想要的形状。

②其次,与纯的聚苯胺纳米纤维相比,复合薄膜的电导率是它的 10 倍以上,并且复合薄膜可以直接应用在超级电容器上,而不需要加入绝缘隔板或者是低电容性的导电添加剂。

③这样的柔性薄膜在制作诸如卷曲显示器、电子纸等柔性电子设备上有不可替代的作用。

通过循环伏安(CV)和恒电流充放电对复合薄膜超级电容器进行性能测试。循环伏安中出现两个氧化还原峰,说明聚苯胺中存在赝电容。通过对比可以发现,与 PANI-NF 超级电容器相比,复合材料超级电容器的 IR 降很小,说明复合膜超级电容器的内阻较小,而低的内阻在储能设备中很重要,可以减少充放电过程中不必要的能量损失。同时,复合薄膜的比电容明显高于两个单一电极材料的平均值之和,说明石墨烯和聚苯胺纳米纤维之间具有协同效应。此外,聚苯胺融入到石墨烯中,由于聚苯胺是具有高比表面积的多孔材料,它的引入极大地改善了双电层电容;其二,高导电性的石墨烯在聚合物中形成了一种导电网络结构,有助于改善聚苯胺赝电容反应活性。由于 GN-PNF 具有更加紧密的结构,拥有更大的体积比电容,显示出其在小体积高电容设备上的应用价值。与 PANI-NF 相比,在 $0.3 \text{ A} \cdot \text{g}^{-1}$ 到 $3 \text{ A} \cdot \text{g}^{-1}$ 的电流范围内,GN-PNF 电极拥有更高的倍率特性,电容保持率达到 94%(而 PANI-NF 为 86%)。分析其原因可能是,

GN-PNF 高的电导性加速了放电过程中电荷的转移。交流阻抗图中中频区并没有半圆,显示其低的法拉第电阻,复合膜的 Warburg 阻抗很长,说明三明治多孔结构在起作用。循环稳定性方面,在 $3 \text{ A} \cdot \text{g}^{-1}$ 的电流密度下800 个循环后,复合膜下降 21%,而 GN-PNF 下降 28%。其原因是石墨烯作为一个结构框架能够保持 PANI-NF 结构稳定,使其在循环过程中不受纤维的强烈压缩。

通过原位聚合的方法制备的石墨烯(GN)/CNT/聚苯胺(PANI)复合材料,比电容达到 $1\,035 \text{ F} \cdot \text{g}^{-1}$($1 \text{ mV} \cdot \text{s}^{-1}$ 下)比 PANI($115 \text{ F} \cdot \text{g}^{-1}$)和CNT/PANI($780 \text{ F} \cdot \text{g}^{-1}$)高。加入少量的 CNT 到石墨烯中,复合材料的循环稳定性得到极大的改善,这是由于充放电过程中保持了高导电性的通道以及电极的机械性能。$1\,000$ 次循环后,电容衰减率仅为 6%,与 GNS/PANI 和 CNTs/PANI 相比,性能得到极大提高。循环伏安测试表明,复合材料有一对氧化还原峰,这是由于 PANI 在半导电态和导电态之间发生了氧化还原反应,并且随着扫速的增加,阳极峰正移,阴极峰负移。电流随扫描速率的增加而增加,说明复合材料具有良好的倍率特性。

恒电流充放电显示,石墨烯或者碳纳米管的存在使得复合电极内阻变小,相应的不可逆容易损失降低,改善了有效能量存储。曲线上存在两个明显的电压段,短的充放电时间段是纯的双电层电容,长的充放电时间段受双电层电容和法拉第电容共同控制。CNT 提供的导电网络使得石墨烯上的 PANI 颗粒能够相互连接,改善了机械性能。

6.4.3　石墨烯在锂离子电池中的应用

近几年来,锂离子电池已经在很多领域中得到了广泛的应用,它已经进入了人们生活的各个领域,对人类生活的诸多方面产生了深远的影响,这也使得很多涉及锂离子电池的企业不断涌现。20 世纪 70 年代,通过对石墨嵌入化合物的研究表明,锂等金属元素可以嵌入到该材料的石墨层间,形成石墨嵌入化合物。日本 SONY 公司在 1990 年研制出了一种锂离子电池,并开始将其商品化,从而实现了二次电池的一次飞跃。目前我国投入了大量财力、物力致力于锂离子电池的研究,在锂离子电池相关材料的研究和难题攻克方面取得了很大的进展。

锂离子电池的发展经历了从 20 世纪 50～70 年代初"锂一次电池"的研究到商业化阶段;80 年代"摇椅式(Rocking Chair)"锂二次电池新概念的提出,这是第二个发展阶段。SONY 公司于 1991 年以石油焦作负极,$LiCoO_2$ 作正极,以($LiPF_6 + EC + DEC$)作为电解质的二次锂离子电池投放市场,并首次提出了"锂离子电池(Lithium－ion battery)"这个概念,标志着锂离子电池进入了高速发展的产业化时代。

锂一次电池采用金属锂作为负极,固体盐类或溶于有机溶剂的盐类作为电解质,金属氧化物或其他固体、液体氧化剂作为正极活性物质。它的研究开发始于20世纪60年代末。已经商品化的锂一次电池包括心脏起搏器用的锂/碘(Li/I_2)电池,照相机以及电子仪器设备所采用的记忆电源使用的锂/二氧化锰(Li/MnO_2)电池和被选作军事装备的新一代电源的大功率锂/二氧化硫(Li/SO_2)电池,锂/亚硫酰氯($Li/SOCl_2$)电池等。

锂离子电池实际上就是一种锂二次电池,它的研究始于20世纪60~70年代的石油危机。但当时电池体系的研究集中在金属锂及其化合物作为负极上,一方面由于活泼的金属锂在充放电过程中容易与有机溶剂反应,导致电池容量和循环效率下降;另一方面由于金属锂电极表面的不均匀性,导致表面电位分布不均匀,造成不均匀的锂沉积,这个过程的持续最终导致锂枝晶的形成,锂枝晶发展到一定程度就会刺穿隔膜引起短路产生大电流,生成大量热使电池着火甚至发生爆炸。因此,尽管当时有针对性地进行了一系列实验研究,但受制于体系、材料本身的性质等原因,当时的锂二次电池并没有实现商业化。

直到1980年 M. Armand"摇椅式(Rocking Chair)"锂二次电池概念的提出,锂离子电池的研究才得到突破性进展。M. Armand 提出,采用低插锂电势的嵌锂化合物代替金属锂作负极,高插锂电势的嵌锂化合物为正极,以含有锂盐的有机溶液为电解质组成锂二次电池,其工作原理如下

$$Li_y M_n N_m + A_z B_w \longleftrightarrow Li_{y-x} M_n N_m + Li_x A_z B_w$$

聚合物锂离子电池的开发利用要晚于液体锂离子电池,直到1999年才开始投入商业应用。目前,聚合物锂离子电池的比能量和能量密度已分别达到190 Wh·kg^{-1}和380 Wh·L^{-1},综合性能已经基本达到液体电池的水平。但是,由于电池的低温性能、成品率等指标尚处于较低水平,聚合物锂离子电池要大规模商品化还有一系列问题尚待解决。

锂离子电池实际上就是一种锂离子浓差电池,正负两极是由两种不同的锂离子插入化合物构成。充电时,Li^+ 从正极脱出经过电解质溶液插入负极,负极处于富锂状态,正极处于贫锂状态,同时电子的补偿电荷从外电路供给到负极,保证负极材料的电荷平衡。放电时则相反,Li^+ 从负极脱出,经过电解质溶液插入正极,正极处于富锂状态。在正常充放电情况下,锂离子在层状结构的碳材料和层状结构复合氧化物的层间插入和脱出,一般只是层面间距发生变化,不会破坏晶体结构。因此,从充放电过程的可

逆性来看,锂离子电池反应是一种理想的可逆反应。图 6.39 是负极为石墨,正极为 LiCoO₄的锂离子电池工作示意图。

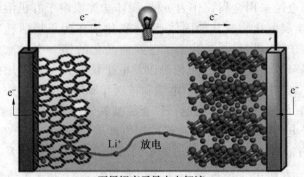

石墨锂离子导电电解液

图 6.39　锂离子电池工作示意图

锂离子电池相对于其他二次电池,如镍镉和镍氢电池具有能量密度大、输出电压高、稳定性好以及无记忆效应等优点,下面是各优势的具体比较。

(1)输出电压高。

单体电池输出电压为 3.6～3.9 V,是 Ni/Cd 或 Ni/MH 电池的三倍。

(2)能量密度大。

目前商品化的锂离子电池的比能量已达到 165 Wh·kg^{-1} 及 300 Wh·L^{-1}以上,大大高于已经广泛使用的镍镉电池(55 Wh·kg^{-1})及镍氢电池(75～80 Wh·kg^{-1})的比能量。

(3)安全性能好。

相比之前的锂电池,锂离子电池充放电过程中只有锂离子的嵌入和脱嵌,所以不会因为金属锂的沉积析出形成锂枝晶,避免了充电过程中发生短路的危险,提高了电池的安全性。

(4)循环寿命长。

目前市面上出售的锂离子电池的充电次数可达到 400～800 次,可以与镍镉电池的 300～800 次及镍氢电池的 500～1 000 次相媲美。

(5)自放电小。

室温下充满电的锂离子电池储存 1 个月后的自放电率为 10%左右,大大低于镍镉电池的 25%～30%和镍氢电池的 30%～35%的自放电率。首次充电过程中会在电极表面形成一层固体电解质界面(Solide-electrolyte interface,SEI)膜,允许离子通过但不允许电子通过,因此可以较好地防止自放电。

另外,锂离子电池还具有环保(不含铅镉等重金属元素)和无记忆效应,可快速充放电,工作温度范围宽等优点,因此具有广阔的应用前景。随着新型锂离子电池材料的开发,容量更高、使用寿命更长的锂离子电池将会不断问世。

虽然锂离子电池有诸多优点,但也存在生产成本相对其他充电电池偏高,需要过充保护电路控制,不能满足大电流电器使用要求等缺点。目前针对这些问题正进行大量研究,如提高电池容量,开发新型电池正极材料以降低成本等。

石墨烯作为一种二维单原子层纳米碳材料,是石墨的基本组成单元。它具有特殊的电子特性,诸如室温量子霍尔效应,无损输运,并具有高模量高强度等力学特性,这些特性使得石墨烯成为理想的锂离子二次电池的负极材料。石墨作为一种优异的锂离子电池负极材料,当每层石墨烯之间嵌入一层锂原子时,形成一阶化合物,最紧密排列如图 6.40 所示,对应化合物为 LiC_6,其最大理论可逆容量为 $372~mAh \cdot g^{-1}$。在一些热解碳电极中,实验测得的可逆容量常常大于理论值($372~mAh \cdot g^{-1}$),为此提出了多种不同的理论模型。通过利用核磁共振研究热解石墨中锂的存在形式,指出当石墨层间距较大时(约 $0.40~nm$),锂可能以 Li_2 分子的形式嵌入石墨片层中,如图 6.41(a)所示。这种嵌入机制可以提高锂在石墨基负极材料中的理论可逆容量。

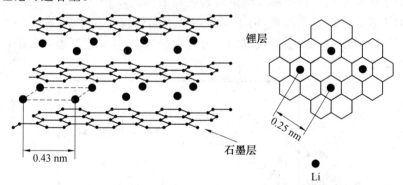

(a) 石墨以AA层堆积和锂以αα层间有序插入的结构   (b) LiC_6 的层间有序模型

图 6.40   锂离子嵌入石墨形成 LiC_6 化合物模型

"卡片堆积"模型如图 6.41(b)所示。该模型指出在石墨片层混乱排列的碳材料中,石墨烯片层并不是层叠在一起的,而是像硬卡片一样随意堆积,每一层石墨烯的两侧都能吸附 Li 原子,理论可逆容量就是规则石墨的两倍,即 $744~mAh \cdot g^{-1}$。还有一些模型认为超出理论值的可逆容量是由于石墨中的缺陷或杂质原子吸附锂离子所产生的。上述的各种模型都在实验中得到了一些验证,说明通过改变材料中石墨片层的层间距、排列方式、缺陷状态和化学状态等都可以改变其储锂容量,获得高于天然石墨的可逆储锂容量。石墨烯是单层的石墨原子,是自下而上组装的石墨片层结构的最小单位,所以通过适当设计石墨烯片层的组装结构,可以优化石墨基锂离子电池负极材料的储锂容量。

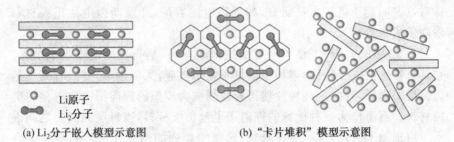

○ Li原子
⬤—⬤ Li_2分子

(a) Li_2分子嵌入模型示意图　　　　(b) "卡片堆积"模型示意图

图 6.41　嵌入及卡片堆积模型示意图

采用改性的 Hummers 法制备氧化石墨烯,利于水合肼还原后冷冻干燥得到的石墨烯薄膜(SSG)可以直接用作锂离子电池负极。图 6.42 是该薄膜负极组装的锂离子电池在电压区间为 $0.005 \sim 3$ V,扫描速度为 0.1 mV·s^{-1} 的循环伏安曲线。在首次循环中,低于 0.2 V 的氧化峰可以归因于锂离子嵌入石墨烯片层中或石墨烯表面。$0.5 \sim 1$ V 之间的峰可能是由于表面 SEI 膜的形成,由于石墨烯的表面积较大,所以首次循环过程中因为表面形成 SEI 膜而造成的不可逆容量较大,这对于石墨烯来说也是不可避免的。

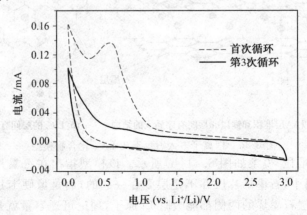

图 6.42　冷冻干燥 SSG 薄膜基锂离子电池的循环伏安特性曲线

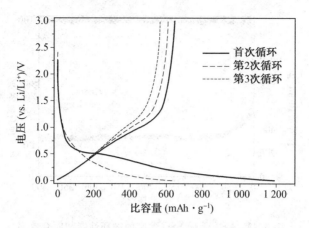

图 6.43 冷冻干燥 SSG 薄膜的充放电曲线

图 6.43 为冷冻干燥 SSG 薄膜负极的充放电曲线。从图中可以看出，首次放电比容量为 1 189.3 mAh·g^{-1}。其可逆的放电比容量为 645.2 mAh·g^{-1}。首次循环的不可逆容量（占首次放电比容量的 46.7％）的出现是由于 SEI 膜的出现和石墨烯表面的含氧官能团被还原所致。在第二和三次循环时，不可逆容量损失分别为 4.9％ 和 4.0％。所以可以认为此时活性材料表面的 SEI 膜是稳定的，其结构也是稳定的。此外，石墨烯薄膜基锂离子电池在充电过程中表现出电压滞后现象，与石墨烯等碳材料的性能相似，表明即使没有使用聚合物粘结剂和金属基底，其锂离子在新型碳材料中的嵌入方式基本相同。如图 6.41(a) 所示，由于大部分的锂离子将嵌入到石墨烯片的上下表面，所以放电过程中的大部分容量（＞80％）出现在 0.5 V 以下的电压范围内。而在充电过程中，比容量中 85％ 以上出现在 0.5 V 的电压以下，与石墨烯表面或者侧面的法拉第电容有关。在充电过程中，锂离子在很大的电压范围内脱嵌（0.005～3.0 V），表明石墨烯不仅由于自身的褶皱和卷曲，可以提供纳米孔洞，而且在堆积密度较小的层之间还存在夹层。

图 6.44 中给出的是冷冻干燥的 SSG 薄膜作为锂离子电池负极的循环性能和库仑效率。石墨烯膜在第 10 次和第 20 次循环时的放电比电容分别为 484.2 和 462.1 mAh·g^{-1}，在 50 次循环后的容量保持在 353.5 mAh·g^{-1} 以上，表现出很好的循环性能；而图 6.44 中也显示出该锂离子电池在第 2 次循环后库仑效率保持在 95.0％ 以上。这一测试结果也同时表明，不管是否使用聚合物粘结剂或金属集流体，电极都可保持很好的机械稳定性和电导率。

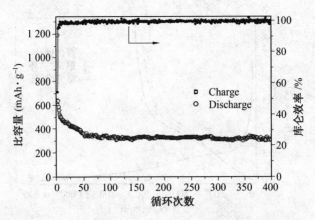

图 6.44　冷冻干燥 SSG 薄膜的循环性能和库仑效率

采用 Hummers 法制备氧化石墨烯,并分别用水合肼还原法、300 ℃,600 ℃热解法以及电子束还原法获得还原的石墨烯,然后分别以几种样品作为锂离子电池负极,测试其电化学性能。利用拉曼光谱(Raman)测试 D 峰的位置和强度检测石墨烯的缺陷,比较分析缺陷状态不同的石墨烯电极,并研究石墨烯中的缺陷与电极储锂可逆容量的关系,见表 6.6。其中,用高能电子束还原的石墨烯电极缺陷较多,石墨烯电极可逆储锂容量最高,为 $1\,054\ \text{mAh} \cdot \text{g}^{-1}$,其次是 300 ℃热解法还原的石墨烯为 $1\,013\ \text{mAh} \cdot \text{g}^{-1}$,600 ℃热解法还原获得的石墨烯缺陷较少,可逆储锂容量为 $794\ \text{mAh} \cdot \text{g}^{-1}$,水合肼还原法获得的石墨烯电极的可逆储锂容量最低,为 $330\ \text{mAh} \cdot \text{g}^{-1}$。石墨烯的储锂容量的高低,由层间距的大小和 D 峰与 G 峰的强度比共同决定,即不规则度越高,其可逆储锂容量越高。缺陷石墨烯片层中更多的边缘增加了锂离子电池储锂容量。

表 6.6　不同还原方法制备的石墨烯负极的储锂容量

还原方法	d_{002} /nm	I_D/I_G	首次放电比容量 /(mAh·g^{-1})	可逆循环比容量 /(mAh·g^{-1})	循环 15 次 剩余容量
氧化石墨烯	—	—	758	335	—
高能电子束还原	0.379	1.51	2 042	1 054	74%
300 ℃热还原	0.365	—	1 544	1 013	82%
600 ℃热还原	0.352	1.51	1 528	794	>95%
水合肼液相还原	0.381	0.74	708	330	>95%

采用化学还原氧化石墨烯的方法制备石墨烯,并以石墨烯为负极材料制备锂离子电池,进行了电化学性能测试,多次充放电循环后测得石墨烯的可逆储锂容量约为 $500\ \text{mAh} \cdot \text{g}^{-1}$,远远高于石墨的($\sim 350\ \text{mAh} \cdot \text{g}^{-1}$)。

石墨烯的储锂容量之所以高于体相石墨是由于其单层碳原子层结构,上、下表面均可以存储锂离子,并且由于制备过程中引入了缺陷、边缘悬挂键等,这些位置也可以存储锂离子,所以储锂容量大大提高。

编者采用溶剂热还原法还原改性的 Hummers 法制备的氧化石墨烯得到还原的氧化石墨烯(rGO)及 N 掺杂的还原的氧化石墨烯((N-rGO),并研究了其电化学储锂性能,采用这种方法制备的 rGO 具有较高的可逆储锂比容量,在 100 mA·g^{-1} 的电流密度下,可逆储锂容量为 561 mAh·g^{-1},在 4 000 mA·g^{-1} 的电流密度下,电化学储锂容量为 166 mAh·g^{-1},并具有较好的循环稳定性和倍率性能,实验测试结果如图 6.45 所示。

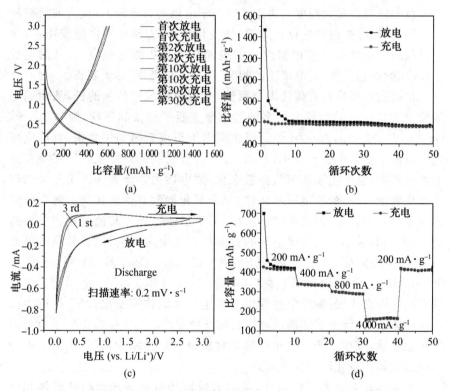

图 6.45 溶剂热法还原氧化石墨烯制备的 rGO 的电化学储锂性能

(a)在 100 mAh·g^{-1} 的电流密度下,rGO 纳米片的充/放电性能曲线;

(b) 在 100 mAh·g^{-1} 的电流密度下,rGO 纳米片的循环稳定性;

(c)在 0.2 mV·s^{-1} 的扫描速率下,rGO 纳米片的循环伏安性能测试曲线;

(d) rGO 纳米片在不同电流密度下的循环性能曲线

N-rGO 由于具有更多的表面缺陷,更有利于锂离子和电子的快速传递和在电极/电解质界面传输,因而展现出更高的可逆储锂容量,在 $100\ mA\cdot g^{-1}$ 的电流密度下可逆放电比容量为 $591\ mAh\cdot g^{-1}$,$2\ 000\ mA\cdot g^{-1}$ 的电流密度下,可逆放电比容量为 $277.5\ mAh\cdot g^{-1}$。

6.4.4　石墨烯复合材料在锂离子电池中的应用

电极材料是决定锂离子电池综合性能优劣的关键因素,其物化性能直接决定锂离子电池的性能。在锂离子电池的研究中,大部分关注的是正极材料,对负极材料的研究相对较少,其实二者对电池性能的贡献同等重要。这里重点介绍一下锂离子电池负极材料的研究进展。

负极材料在很大程度上决定了锂离子电池的蓄电能力,优秀的负极材料应该具有:电极电位接近金属锂,且变化较小;吉布斯自由能变化小,保证过程的可逆性;Li^+ 在电极结构的表面与内部扩散速率高;较高的电导率;较高的热稳定性;对电解质的相容性好;价格低廉,易于制备。

早期的负极材料直接使用金属锂,充电时形成树枝状的锂,从而刺穿隔膜发生危险。随后研究较多的锂合金克服了树枝晶问题,锂和 Al,Si,Ge,Sn,Sb,Bi,Ag,Au,Zn 等金属在室温下形成金属间化合物,且反应可逆。目前主要集中在 Sn,Si,Sb 和 Al 基合金材料的研发上。但在反复充电的过程中,会发生逐渐膨胀并粉末化,放电能力逐渐丧失。于是又出现了氧化物型负极,包括金属氧化物、复合氧化物和其他氧化物。现在研究热点主要集中在锡、锑氧化物上,也有关于锰、铁、钨等其他氧化物负极的研究,但仍有缺陷。目前锂电池的负极材料主要采用碳材料,其他常见的负极材料还有过渡金属氮化物(如 $Li_{2.6}Co_{0.4}N$,能量密度为 $900\ mAh\cdot g^{-1}$),以及纳米硅材料(能量密度为 $1\ 200\ mAh\cdot g^{-1}$)等。但这些材料在锂离子嵌/脱反应过程中会发生巨大的体积变化,产生的应力使电极解体脱落,降低了锂离子电池的循环稳定性。为了提高锂离子电池的循环稳定性,其中一个办法是将这些材料制成纳米结构,以降低由于电极反应过程体积变化所产生的应力。

石墨烯作为一种柔性衬底,可以有效地缓解这些纳米材料的体积变化。同时,石墨烯具有较好的导电和导热性能,在电极材料中可以形成导电通路,提高电极的导电性。因此,将石墨烯添加到这些纳米材料中制成纳米复合材料,可以获得具有高容量和适当循环稳定性的新型锂离子电池负极材料,成为研究的热点。

简单地将纳米级 Si 和石墨烯混合制得了 Si/石墨烯复合材料,经 30

次充放电循环后,可逆容量高达 1 168 mAh·g^{-1},库仑效率为 93%。电化学阻抗谱(EIS)分析表明,其电荷转移电阻与纳米级 Si 相比降低了 50% 以上,离子导电性明显增强。Si/石墨烯复合材料循环稳定性的提高是由于复合物能够容纳 Si 的大量体积变化以及保持较好的电子接触。

将溶胶-凝胶法制备的 SnO_2 纳米颗粒在乙二醇中与石墨烯混合,制备 SnO_2/石墨烯复合材料。复合材料中石墨烯被 SnO_2 颗粒分离开来,形成疏松多孔的结构。石墨烯片层间形成的孔洞有利于锂离子的嵌入和脱嵌,锂离子可同时嵌入 SnO_2 颗粒和石墨烯中,两者发挥协同作用使复合材料的储锂性能高于 SnO_2 纳米颗粒和石墨烯的总和。SnO_2 颗粒包覆石墨烯后循环稳定性也得到了较大幅度的提高。SnO_2/石墨烯复合负极首次循环的储锂容量为 810 mAh·g^{-1},循环 30 次后,储锂容量降为首次的 70%,而纯的 SnO_2 纳米颗粒循环 15 次后,可逆储锂容量即从 550 mAh·g^{-1} 降低到 60 mAh·g^{-1}。

采用原位化学合成的方法制备三维的 SnO_2/石墨烯复合材料,SnO_2 纳米粒子均匀地分散在石墨烯的层与层之间,可以有效地防止石墨烯在充放电循环过程中重新聚集。循环伏安(CV)测试显示其具有很高的储锂活化位,首次可逆容量为 765 mAh·g^{-1},100 次充放电循环后可逆储锂容量仍高达 520 mAh·g^{-1},具有良好的循环稳定性。采用溶胶-凝胶法制备的 SnO_2/石墨烯复合材料中石墨烯片均匀地分布在松散的 SnO_2 纳米颗粒周围形成如图 6.46 所示的结构模型。这样就形成了大量的纳米孔结构,将该复合材料用作锂离子电池负极材料,可逆储锂容量高达 810 mAh·g^{-1}。相对于单纯的 SnO_2 负极,复合材料的循环性能也有了较大提高,30 次充放电循环后,其可逆放电比容量仍能达到 570 mAh·g^{-1},容量保持率为 70%,而 SnO_2 虽然首次放电比容量为 550 mAh·g^{-1},但 15 次充放电循环后,放电比容量仅为 60 mAh·g^{-1}。研究表明,复合材料储锂容量大幅提升是由于其三维柔性结构减小了锂离子嵌入时的体积膨胀,而石墨烯片和 SnO_2 之间发达的孔隙结构在充放电过程中作为一个缓冲区,进一步限制了体积膨胀,从而具有优异的循环性能。另外,在石墨烯/金属氧化物复合电极体系中石墨烯不仅仅是电极,而且也是一个导电通道,从而减小了锂离子的传输路径,提高了其传输效率。

采用原位化学合成的方法也是合成 SnO_2/石墨烯复合材料理想方法,复合材料的微观形貌如图 6.47 所示。图 6.47(a)为 SnO_2/石墨烯复合材料的场发射扫描电镜(FE-SEM)照片,FE-SEM 照片显示纳米复合材料

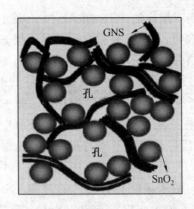

图 6.46　3D 石墨烯/SnO₂ 复合材料结构模型

是由任意团聚的薄的带有褶皱的石墨烯薄片紧密地互相结合在一起，形成的无序固体。细小的 SnO₂ 纳米颗粒均匀地分布在卷曲的石墨烯纳米片上，铆在石墨烯上的 SnO₂ 纳米颗粒作为石墨烯片层之间的分隔物有效地阻止了石墨烯片层的重新堆叠问题。这种纳米复合材料的组成通过 EDX 能谱分析确定其由 Sn、C 和 O 组成，如图 6.47(b)所示。图 6.47(c)为 SnO₂/石墨烯纳米复合材料的低放大倍率 TEM 图像。SnO₂ 纳米颗粒均匀地分布在二维石墨烯纳米片上，高放大倍率的 TEM 照片如图 6.47(d)显示 SnO₂ 平均颗粒尺寸在 2～4 nm 之间，SnO₂ 纳米颗粒被柔韧的石墨烯包覆着，从而保持了 SnO₂/石墨烯纳米复合材料的 3D 结构。图 6.47(d)的插入图为选区电子能谱(SAED)。

　　SnO₂/石墨烯复合电极的恒电流充放电性能曲线如图 6.48 所示。SnO₂/石墨烯复合电极在 50 mA·g⁻¹ 的恒定电流下的首次、第 2 次和第 50 次充放电曲线如图 6.48(a)所示。在 5 mV～2 V 的电压范围内，SnO₂/石墨烯复合材料的首次充放电比容量分别为 1 775 和 862 mAh·g⁻¹，首次库仑效率为 48%，而 10 次充放电循环后的库仑效率保持在 93%。图 6.48(b)是 SnO₂/石墨烯纳米复合负极和纯石墨烯的循环稳定性测试结果。SnO₂/石墨烯复合负极首次放电比容量衰减迅速，这是由于嵌锂的过程中 SnO₂ 转化为 Sn 和 Li₂O 的不可逆转化反应，而在随后的充放电循环过程中，Li⁺ 可逆地嵌入到 Sn 中形成 LiₓSn 合金。从第 2 次循环开始，电极的可逆性随着充放电循环的进行而逐渐得到改善。50 次循环后，SnO₂/石墨烯复合阳极的比容量为 665 mAh·g⁻¹ 是首次放电比容量的 38%。另一方面，纯石墨烯纳米片在 50 次循环后可逆容量为 338 mAh·g⁻¹，从而进一步证明了复合材料在嵌脱锂的过程中可以有效地提高石墨烯和 SnO₂ 纳米颗

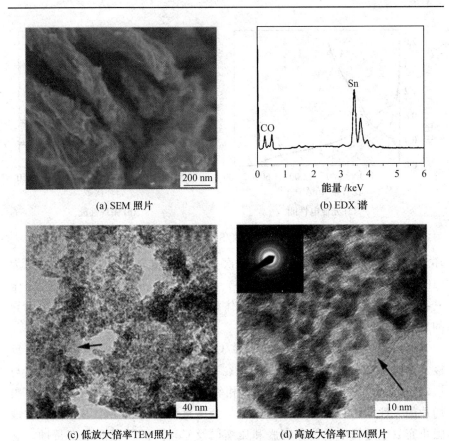

(a) SEM 照片

(b) EDX 谱

能量 /keV

(c) 低放大倍率TEM照片

(d) 高放大倍率TEM照片

图 6.47　SnO_2/石墨烯复合材料的微观形貌和能谱分析

粒的稳定性。当 SnO_2 与 Li^+ 反应时,形成巨大的体积膨胀,导致电极开裂和粉化,通过嵌入 SnO_2 在石墨烯纳米片基体上,SnO_2 纳米颗粒的体积膨胀和收缩通过柔韧的石墨烯纳米片得到缓解。此外,在 SnO_2/石墨烯复合材料中,石墨烯还充当了导电介质的作用,推进了嵌/脱锂过程中的电子传导。

采用共沉淀法制备的 TiO_2/石墨烯复合材料作为锂离子电池负极,与 TiO_2 相比,TiO_2/石墨烯复合材料的电阻减小 22%,增强了高倍率放电性能,可能是石墨烯的加入增加了导电性。证明功能化的石墨烯是一种很有前途的锂离子电池导电剂。

采用化学还原法制备的 $Co(OH)_2$/石墨烯纳米复合材料,作为锂离子电池负极具有较长的循环性能和高的放电比容量。电流密度在 $200\ mAh\cdot g^{-1}$ 时的首次嵌锂和脱锂容量分别为 1 599 和 1 120 $mAh\cdot g^{-1}$,而且与纯的 $Co(OH)_2$ 或石墨烯相比,其首次可逆容量和库仑效率以及循

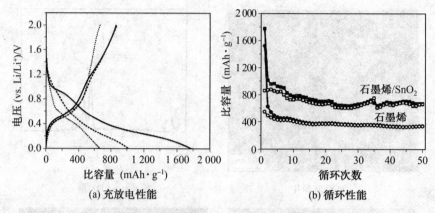

(a) 充放电性能　　　(b) 循环性能

图 6.48　石墨烯及石墨烯/SnO₂ 复合阳极的放电性能

环性能均有极大的改善。30 次充放电循环后的可逆容量为
910 mAh·g⁻¹,容量保持率为 82%。该复合物优异的电化学性能是由于
其特殊的结构限制了循环时产生的体积膨胀并为电化学过程提供了优异
的导电通道。

　　而采用共沉淀法制备的石墨烯/Co₃O₄ 复合材料作为锂离子电池负
极。微观形貌显示,Co₃O₄ 粒子直径在 10~30 nm,均匀的铆在石墨烯层与
层之间,撑起了一定的空间,保持了相邻石墨烯片的分离。而且,二维石墨
烯片的柔性结构和复合物中石墨烯与金属氧化物的相互作用对于有效地
阻止充放电过程中的体积膨胀和压缩以及 Co₃O₄ 的团聚非常有帮助。这
一复合材料能够有效地利用石墨烯高的导电性能,大的比表面积,良好的
机械柔韧性,优异的电化学性能以及锂离子大的电解液/电极接触面积和
短的扩散路径等特点,从而,保持了 Co₃O₄ 良好的结构稳定性。因而,石墨
烯/Co₃O₄ 复合材料具有相当大的可逆容量(30 次循环后为
935 mAh·g⁻¹),优异的循环稳定性和高的库仑效率(超过 98%),良好的
倍率性能。这种优异的放电性能是由于 Co₃O₄ 铆在石墨烯片上充分地利
用了电化学活性的 Co₃O₄ 和石墨烯,显示出其在高性能锂离子电池储能应
用方面的巨大优势。

　　编者采用水热反应法一步完成了 Fe₃O₄/石墨烯复合材料及 Fe₂O₃/
石墨烯复合材料的制备。采用改进的 Hummers 法制备的氧化石墨烯
(GO)表面覆盖着很多含氧官能团,这些含氧官能团(如环氧基,羰基和羧
基等)可以作为铁离子的铆定位。采用 X 射线光电子能谱(XPS)分析了
GO 和氧化铁/石墨烯复合材料的化学信息,如图 6.49 所示。图 6.49 给

出了 GO 和水热反应产物氧化铁/石墨烯复合材料的 XPS 全谱图,如图 6.49(a)和它们 C_{1s} 的精细谱图,如图 6.49(b)~(d)。在图 6.49(a)中 GO 的 XPS 全谱图仅有 C 和 O 的主要信号,氧化铁/石墨烯复合材料的 XPS 全谱中除 C 和 O 外,还有 Fe 的信号。图 6.49(b)中 GO 的 C_{1s} 的精细谱有四部分构成,碳骨架中未被氧化的 C(285eV,39.36%),C—O 键中的 C(286.5 eV,19.55%),羰基中的 C(288.6 eV,29.87%),和羧基中的 C(290.2 eV,11.22%),说明采用改进的 Hummers 法使石墨高度氧化。在氧化铁/石墨烯复合材料中,氧化铁的铆固量按照 GO 表面含氧官能团的量来调整,保证了氧化铁在石墨烯表面均匀地分布。试样 1 和试样 2 中氧化铁和 GO 含氧官能团的摩尔比分别控制在 3∶1 和 3∶2。水热反应之后,试样 1 和试样 2 中 GO 的含氧官能团均显著降低,其中 O—C=O 的信号已经检测不到。在试样 1 中 C—O 和 C=O 的含量分别降为 7.72% 和 6.59%,而试样 2 中它们的含量不到试样 1 的 60%,分别为 4.41% 和 3.91%。这种反常现象表明,由于试样 1 空间位阻作用、静电斥力作用和 Fe_3O_4 形核的动力学阻力使石墨烯上剩余含氧官能团的量并没有随着 Fe^{2+} 的增加而增大。

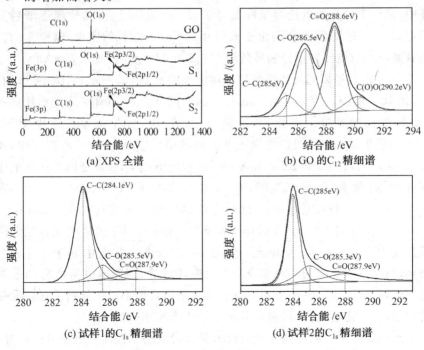

图 6.49　GO 和氧化铁/石墨烯复合材料的 XPS 谱图

这种方法制备的氧化铁/石墨烯复合负极的电化学储锂性能首先采用材料的恒电流充放电实验进行了评价。在 $100\ \mathrm{mA\cdot g^{-1}}$ 的放电电流下,试样 1 和试样 2 的首次、第 2 次、第 10 次和第 20 次充放电循环的充/放电性能曲线如图 6.50(a)和(b)所示。试样 1 的首次放电比容量为 $1\ 505\ \mathrm{mAh\cdot g^{-1}}$,充电比容量为 $922\ \mathrm{mAh\cdot g^{-1}}$,首次库仑效率为 61.26%。相比之下,试样 2 的首次放电比容量为 $1\ 572\ \mathrm{mAh\cdot g^{-1}}$,充电比容量为 $1\ 169\ \mathrm{mAh\cdot g^{-1}}$,首次库仑效率为 74.36%。从第 2 次循环开始,试样 2 的库仑效率迅速增加到 90%,并保持稳定。但是 20 次充放电循环过后,试样 1 放电比容量从 $1\ 505\ \mathrm{mAh\cdot g^{-1}}$ 降低到 $635.4\ \mathrm{mAh\cdot g^{-1}}$,几乎降低了 58%;而试样 2 的放电比容量仅仅下降了 32%。

图 6.50(c)是在 $100\ \mathrm{mA\cdot g^{-1}}$ 的放电电流下,试样 1 和试样 2 的循环性能,从图中可以看出在前 20 次循环,试样 2 的充放电性能逐渐下降,然后降低缓慢,60 次充放电循环后,试样 2 的充放电比容量开始增大,100 次充放电循环后,试样 2 的充放电比容量分别为 $891\ \mathrm{mAh\cdot g^{-1}}$ 和 $953\ \mathrm{mAh\cdot g^{-1}}$,试样 2 的这种性能改善主要是由于 Fe_3O_4/石墨烯复合材料在充放电循环过程中电极不断地活化。与试样 2 相比较,在前 50 次循环中,试样 1 的充放电比容量降低显著,50 次循环过后,其性能逐渐趋于稳定,100 次充放电循环后,由于大尺寸的 Fe_3O_4 颗粒的团聚,试样 1 的性能衰减,充、放电比容量分别降低到 $516.7\ \mathrm{mAh\cdot g^{-1}}$ 和 $322.7\ \mathrm{mAh\cdot g^{-1}}$。

Fe_3O_4/石墨烯复合负极的倍率性能如图 6.50(d)所示,从图中可以看出,在 $100\ \mathrm{mA\cdot g^{-1}}$ 到 $2\ 500\ \mathrm{mA\cdot g^{-1}}$ 的不同电流下,试样 2 表现出比试样 1 更好的倍率性能。在前 10 次循环中,在 $100\ \mathrm{mA\cdot g^{-1}}$ 放电电流下,Fe_3O_4/石墨烯复合负极的可逆放电比容量降低较小,在随后的循环中,在 100,200,500,1 000 和 $2\ 500\ \mathrm{mA\cdot g^{-1}}$ 的放电电流下,试样 2 的可逆放电比容量分别保持在 810,788,636,480,281 和 $168\ \mathrm{mAh\cdot g^{-1}}$。在 $2\ 500\ \mathrm{mA\cdot g^{-1}}$ 的放电电流下,试样 2 的放电比容量是它在 $100\ \mathrm{mA\cdot g^{-1}}$ 下放电比容量的 40.3%,而试样 1 在 $2\ 500\ \mathrm{mA\cdot g^{-1}}$ 下的放电比容量保持了它在 $100\ \mathrm{mA\cdot g^{-1}}$ 下放电比容量的 20.7%,进一步说明,由于在充放电循环过程中,石墨烯的逐渐活化,50 次循环过后,当放电电流恢复到最初的 $100\ \mathrm{mA\cdot g^{-1}}$ 时,Fe_3O_4/石墨烯复合负极的性能不仅恢复到了它们最初的容量,甚至还能更高,可逆放电比容量达到 $979\ \mathrm{mAh\cdot g^{-1}}$。

石墨烯除了可以与高容量负极材料复合应用于锂离子电池负极中外,它还可以作为导电填料添加在正极材料中,提高正极的导电性和循环稳定

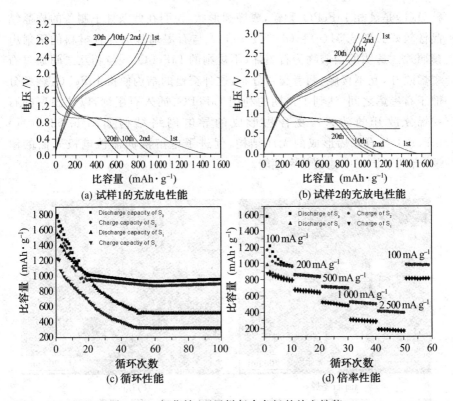

图 6.50 氧化铁/石墨烯复合负极的放电性能

性。例如,将一定质量比的石墨烯添加到 $LiFePO_4$ 正极中。$LiFePO_4$ 颗粒与石墨烯在锂离子电池正极中共同形成了"点到面"的导电方式,这种复合正极中仅仅加入 2%(质量分数)的石墨烯导电填料,就能起到连接电极材料形成导电通路的作用,比其他"点到点"导电模式(比如:炭黑、碳纳米管等作为导电填料)所需填料的添加量要少很多。此外,由于石墨烯具有柔性的特点,其复合材料电极还可以应用在柔性锂离子电池中。

通过将 $FeSO_4 \cdot 7H_2O$ 与 H_3PO_4 溶液先混合,加入抗坏血酸然后在搅拌的情况下缓慢加入 $LiOH$ 溶液,其中 Li 源,Fe 源和 P 源的摩尔比是 $3:1:1$,$FeSO_4$ 浓度为 0.75 $mol \cdot L^{-1}$,最后加入氧化石墨(氧化石墨与 $LiFePO_4$ 质量比为 $8:92$)搅拌 1 min,Ar 气鼓泡 5 min。混合后的溶液装入反应釜中,然后放在烘箱中进行水热反应,反应温度为 200 ℃,时间为 5 h,制备 $LiFePO_4$/石墨烯复合材料。

图 6.51 为制备样品的透射电镜照片。从图 6.51(a)中可以看出,石墨烯是具有大量褶皱起伏的片状结构,照片中深颜色的部分为局部堆叠。图

6.51(b)是纯相 LiFePO₄ 颗粒,成椭圆形状,说明在此条件下制备的样品结晶性较好。图 6.51(c)和(d)是 LiFePO₄ 与石墨烯片层复合材料的透射电镜照片。透明的褶皱物为石墨烯,不规则的 LiFePO₄ 颗粒相互之间通过石墨烯隔开,互不接触,两者交错分布,这种交错的结构使得 LiFePO₄ 颗粒分散于石墨烯之间,达到了预期的利用 LiFePO₄ 插入石墨烯,以使团聚的石墨烯分散开的效果。复合物形成的导电网络结构如图 6.52 所示。LiFePO₄ 与石墨烯形成的无序结构,促进了电解液向活性电极表面的渗透,有利于提高电池的倍率性能。

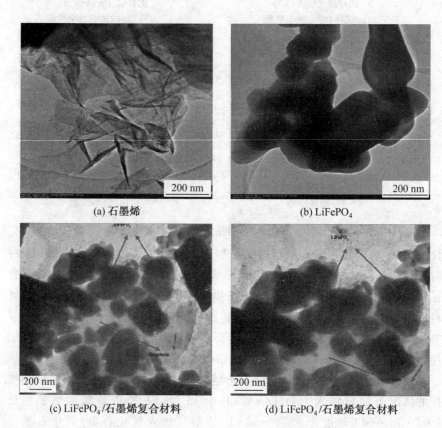

(a) 石墨烯　　　　　　　　　　　　(b) LiFePO₄

(c) LiFePO₄/石墨烯复合材料　　　　(d) LiFePO₄/石墨烯复合材料

图 6.51　LiFePO₄/石墨烯复合材料的透射电镜照片

采用共沉淀法制备的 LiFePO₄/石墨烯复合材料用于锂离子电池上,与单一的 LiFePO₄ 电极材料相比,复合材料在 0.2C 下的放电比容量为 160 mAh·g⁻¹,有了大幅度提高,即使在 10C 下,放电比容量仍高达 110 mAh·g⁻¹。80 次循环后复合材料的容量保持率为 97%,这可能跟纳

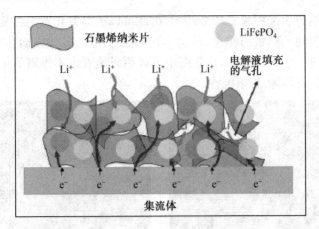

图 6.52 LiFePO$_4$/石墨烯复合材料导电网络结构示意图

米级的 LiFePO$_4$ 大的表面积以及石墨烯提供的优良的导电通道有关。从 0.2C 到 10C 放电比容量的衰减是由于锂离子在 LiFePO$_4$ 和 FePO$_4^-$ 表面间的扩散。

VN/石墨烯复合正极材料的制备过程如下:取 20 mL 的蒸馏水放入烧杯中,加入 6.03 mL 的 H$_2$O$_2$,搅拌混合均匀。称取 1.36 g 的 V$_2$O$_5$ 在磁力搅拌的情况下缓慢地加入到上述混合溶液中,形成红棕色的溶液。加入不同量的氧化石墨(Hummers 方法制备),继续搅拌 45 min,使之形成凝胶,超声 12 h 至大部分凝固,得到深色凝胶,形成 V$_2$O$_5$·nH$_2$O/GO 复合物,然后将其在 80 ℃ 真空烘箱干燥 24 h。将干燥后的样品放在 800 ℃ 的 NH$_3$ 气氛中煅烧 5 h,制得复合材料 VN/石墨烯。

图 6.53 为不同组成的 VN/石墨烯复合材料的 SEM 图。石墨类材料具有良好的层状结构、良好的离子导电率和电子导电率,结晶度高,并且在锂离子的嵌入和脱嵌过程中,不会发生晶相转化,结构较稳定。在 VN 中加入石墨之后,不仅能够提高其导电性能,并且在长时间循环过程中,能够改善电极材料之间的电接触,材料各个组分之间的相互作用,大大地提高了材料的比容量和循环稳定性能。此外,材料各个组分之间的质量比例也会影响复合材料的电化学性能。从图中可以明显看出石墨烯为片层褶皱结构,VN 颗粒大小不一且不规则的附着在石墨烯表面或者嵌在石墨烯片层内部。随着 VN 质量的减少,石墨烯片层结构越来越明显,且附着的 VN 颗粒越来越少。图 6.53(a) 是纯相的 VN,可以看出,未加氧化石墨的纯相 VN 颗粒是无规则的片状结构。复合材料图 6.53(b)(c)(d)(e) 中加

入氧化石墨的 VN 颗粒是球形结构,由此可以推断氧化石墨在复合材料合成过程中起到了模板的作用,使得 VN 按照一定的晶体方向生长。(f)图是高倍率的透射电镜照片,从此图中可以明显地看出不规则晶体 VN 颗粒部分镶嵌在石墨烯结构中。

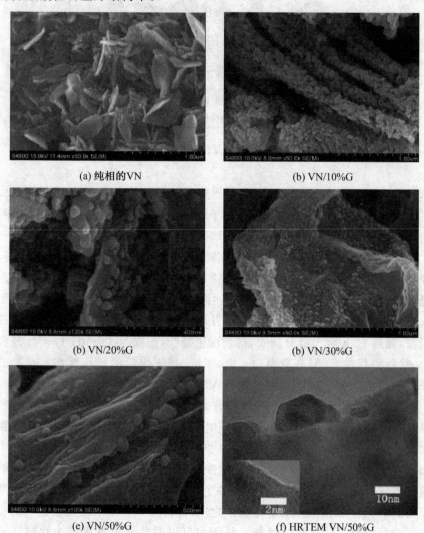

(a) 纯相的VN　　　　　　　　　(b) VN/10%G

(b) VN/20%G　　　　　　　　　(b) VN/30%G

(e) VN/50%G　　　　　　　　　(f) HRTEM VN/50%G

图 6.53　VN/石墨烯复合材料的扫描电子显微镜照片

采用本方法制备的 VN/石墨烯复合正极在电流密度为 21 mA・g^{-1}时,五种材料的放电比容量分别为 147 mAh・g^{-1},130 mAh・g^{-1},215 mAh・g^{-1},265 mAh・g^{-1} 和 332 mAh・g^{-1}。其中复合材料 VN/50%G

的比容量最大。随着放电电流密度的增大,充放电比容量相应减小。主要是由于在高电流密度充电时,锂离子在固相中较低的扩散速率限制了锂离子向材料内部的扩散,短时间内颗粒外层中的锂离子不能迅速扩散到颗粒的内部,导致材料颗粒中产生浓差极化,加速了电池电压的降低,锂离子分级嵌入的现象变得不明显,充放电容量降低。当电流密度为42 mAh·g^{-1}时,各种材料的放电比容量分别为 104 mAh·g^{-1},100 mAh·g^{-1},160 mAh·g^{-1},256 mAh·g^{-1}和230 mAh·g^{-1}。与小电流密度下放电相比,复合材料 VN/30%G 的放电比容量减少最小。当电流密度增加到732 mA·g^{-1}时,VN/30%G 放电比容量最高,约为130 mAh·g^{-1},即 VN与氧化石墨的比例是 7∶3 时,复合材料的倍率性能达到最优。

6.4.5 石墨烯复合材料在太阳能电池中的应用

2008 年,Kamat 等首次制备了 TiO$_2$/石墨烯复合材料,他们利用紫外光对石墨烯进行还原,制备出具有光学活性的半导体/石墨烯复合物。2009 年,Akhavan 等同样利用紫外光下 TiO$_2$ 产生的光生电子还原石墨烯,制备了石墨烯/TiO$_2$复合物薄膜,他们发现 TiO$_2$ 与石墨烯(GS)之间存在 Ti—C 键的作用。Pan 等利用热反应的方式制备了 P25/石墨烯复合物,结果发现与纯的 P25 纳米粉末相比,复合物的光电流增长了 15 倍,对于亚甲基蓝染料的降解能力也大幅度提高,氧化石墨烯在 TiO$_2$/氧化石墨烯复合物中是以 p 型或 n 型半导体的形式存在,具有一定的光敏化作用,可以被波长大于 510 nm 的光激发,当氧化石墨烯以 p 型半导体存在时,与二氧化钛可以形成 p-n 异质结结构。

2008 年有科学家首次提出,将热还原法制备的石墨烯作为光阳极应用在染料敏化太阳能电池(DSSC)中,其具有较好的性能。该对电极的导电率为 550 S·cm^{-1},此外,该电极还具有高透明、表面光滑、热稳定性好等特点,但是该 DSSC 效率仅有 0.26%。当用紫外光照氧化石墨烯和TiO$_2$的复合物时,由 TiO$_2$产生的光生电子可以将氧化石墨烯还原为石墨烯。而利用此原理制备石墨烯和 TiO$_2$的复合物,并将该复合物作为光阳极组装 DSSC,石墨烯的存在使电池效率从 4.89%增加到5.26%。电池效率的提高是由于石墨烯层的存在阻止了 I$_3^-$ 离子与 FTO 导电玻璃的直接接触,从而降低了电子从 FTO 回传到 I$_3^-$ 离子的概率,从而提高了开路电压(V_{oc})和电池效率。

近年来,TiO$_2$/石墨烯复合物所具有的良好的光电活性引起了研究人员的广泛关注,各国研究人员报道了多种简便有效的制备方法。石墨烯可以为光生电子传递提供一个 2D 桥梁,从而促使电子传递加快并阻止电子的复合。利用石墨烯/TiO_2 复合光阳极应用于染料敏化太阳能电池,石墨烯在复合物中的比例是 0.5wt%,转化效率是 4.28%,比单独 TiO_2 光阳极效率高 59%。石墨烯对提高染料的吸附量和增加电子寿命均起到一定作用。利用球磨法制备石墨烯/P25 复合物(G/P25),该复合物作为染料敏化太阳能电池光阳极,随着石墨烯加入量的增加,G/P25 的孔隙率、界面电荷复合阻力以及短路电流都随之增加,在氧化石墨烯的加入量达到 4.5 mL 的时候,电池的性能达到最大值。而采用静电纺丝法一步制备的 TiO_2/石墨烯复合电极也表现出良好的光伏特性和光催化特性。

通过低温溶液处理获得的石墨烯/碳纳米管复合材料,由于这一方法并没有涉及到表面活性剂,故保留了两种物质内在的优良电学和力学性能。86% 的透光度下方块电阻仅为 240 $\Omega \cdot sq^{-1}$,与石墨烯相比(方块电阻为 10 000 $\Omega \cdot sq^{-1}$ 以上)有很高的电导性。功率转化效率(PCE)为 0.85%,而且廉价、可规模化生产,最重要的是不存在 ITO 那样的缺点,这些都为其在聚合物太阳能电池上的应用提供了很好的铺垫。

通过 LBL 静电自组装和紫外光激发照射合成石墨烯/$Ti_{0.91}O_2$ 多层复合膜,也是制备石墨烯和氧化钛复合材料的良好方法。具体步骤如下:首先把表面干净的石英玻璃插入到 PEI 溶液中,然后再插入到带负电荷的 Ti 纳米片的悬浊液中,然后再插入到 PEI 溶液中,反复多次后 GO 和 $Ti_{0.91}O_2$ 就层层静电沉积在玻璃上,形成了黄棕色的 GO/$Ti_{0.91}O_2$ 多层膜,通过在紫外光下照射,氧化石墨烯变为石墨烯,PEI 被除去,最终制得黑色的 G/$Ti_{0.91}O_2$ 复合多层膜。采用暂态吸附光谱检测到石墨烯和氧化钛间的超快光催化电子转移,光电流随 G/$Ti_{0.91}O_2$ 复合多层膜厚度的增大而直线上升,而复合膜高效的表面电荷分离和界面电荷浸透性表明其具有高效的光电流转化能力,这些在太阳能电池中至关重要。

用电沉积法制得的 ZnO/石墨烯复合材料,其可测 PCE 值为 0.31%,远高于先前以石墨烯为电极的太阳能电池的 PCE 值。研究发现,石墨烯膜的质量影响沉积在其上 ZnO 的纳米结构以及 ZnO/P3HT 太阳能电池的性能。

采用水热法制备聚乙烯吡咯烷酮(PVP)修饰的石墨烯/TiO_2 复合物,可以获得具有高光电性能的石墨烯/TiO_2 复合物。通过表征发现,PVP 与石墨烯之间的非共价作用使石墨烯能够更均匀地分散在合成体系中,并促使石墨烯和纳米 TiO_2 颗粒之间形成 Ti-O-C 键,从而有效地促进光生电子的传输。由于复合物带宽的减小和石墨烯本身具有的可见光吸收性能,复合物薄膜具有一定的可见光响应性能。通过降解甲基橙的光催化实验可以证明,复合物的催化活性远高于纳米 TiO_2 对照样。

6.4.6 石墨烯在储氢方面的应用

石墨烯大的比表面积是其作为新型储能材料的最大优势,前人的研究主要是采用碳纳米管储氢,随着石墨烯的发现,就自然的关注到石墨烯的储氢上。碳纳米管本身就是一种新型储氢材料,它具有很大的比表面积,再加上其管道结构及多壁碳管之间的类石墨层空隙,使其成为最有潜力的储氢材料。而石墨烯具有更大的比表面积,理论上应该有更好的储氢性能。希腊的 Dimitrakakis G K 等人设计了一种石墨烯和碳纳米管的复合结构,如图 6.54 所示,用蒙特卡洛方法研究得出,此结构的储氢能力达到 $41~g \cdot L^{-1}$,仅是略微低于美国能源部给出的标准 $45~g \cdot L^{-1}$。现在普遍认为石墨烯与氢气之间是吸附作用,但是是物理吸附还是化学吸附还不清楚,有一部分科学家认为是二者兼而有之。因此研究石墨烯的储氢性能,揭示氢气在其表面的吸附形式具有重要意义。石墨烯为储氢、甲烷材料的设计提供了新思路。

图 6.54 Dimitrakakis 设计的石墨烯-碳纳米管的储氢构型

6.5　光催化材料

二氧化钛（TiO_2）在降解各类污染物和抑菌方面得到了广泛的应用，然而，TiO_2的应用仍然面临着一些期待解决的瓶颈问题。其中最主要的就是 TiO_2自身的光生载流子复合概率较高，对太阳光的利用率较低。为了解决这些问题，人们利用各种碳材料（如活性炭、碳纳米管）与 TiO_2复合形成C@TiO_2核-壳结构复合材料，促进 TiO_2对有机污染物的降解。石墨烯是一种新型的单原子层厚度的二维石墨材料，可以通过表面改性构筑石墨烯基复合材料，应用于光催化领域。

石墨烯基复合材料在光催化领域显示了潜在的应用价值。单层石墨烯的引入不仅能够为催化剂粒子提供高质量的二维载体材料，而且可以使其获得优异的导电性能和氧化-还原能力，用于制作二维"电路板"或促进复合材料整体催化活性的提高。目前，多选用 TiO_2/石墨烯复合材料和ZnO/石墨烯复合材料作为光催化剂，应用于光催化降解有机污染物或光解水制氢等领域。

采用原位生长的方法制备石墨烯基光催化复合材料，以氧化石墨为石墨烯前驱体合成石墨烯基复合材料。氧化石墨表面具有丰富的含氧官能团，有利于催化剂粒子在其表面均匀地构筑，催化剂纳米粒子负载在石墨烯表面后，经过氧化石墨的还原过程能够得到石墨烯基复合光催化剂。例如，氧化石墨与商用 P25 通过水热或热辐射方法结合，再通过还原剂或光催化还原等手段得到石墨烯-P25 复合光催化剂，通过此方法所得到的催化剂展现出了优异的光催化性能。光催化反应过程示意图如图6.55所示。

采用乙醇辅助溶剂热法，利用 TiO_2纳米粒子在膨胀石墨层间原位生长，同步剥离与复合膨胀石墨制备 TiO_2/石墨烯高效光催化剂。在合成过程中，使用真空辅助技术以便于初始溶液的进入，表面活性剂 CTAB 的加入提高了初始反应溶液在膨胀石墨层间的分散度以及更好地控制 TiO_2的尺寸。最终，TiO_2纳米粒子作为阻隔剂在石墨层间有效地剥离石墨片层，形成石墨烯基复合材料。同时，在溶剂热的高温高压作用下，膨胀石墨的含氧基团也被乙醇有效还原。无论在可见光还是紫外光下，TiO_2/石墨烯复合材料的催化活性均优于石墨烯-P25，其中，在可见光下苯酚的降解率为 62％，而在紫外光下苯酚的降解率为 81％。TiO_2/石墨烯复合材料较高的催化活性是由于光生载流子分离效率的提高；复合材料在可见光吸收范

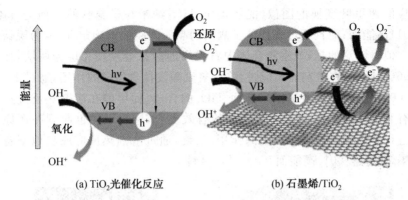

(a) TiO₂光催化反应   (b) 石墨烯/TiO₂

图 6.55   光催化反应过程示意图

围的增大,强度增强;以及催化剂对被降解物的吸附性良好。

此外,采用氢氟酸和甲醇辅助的溶剂热体系,可进一步合成新颖的石墨烯-暴露{001}高能面 TiO₂复合体,工艺过程如下:

①首先将 0.3 mg 氧化石墨(采用 Hummers 方法制备)溶于 1 mL 甲醇中,经过激烈的超声分散得到氧化石墨的甲醇溶液。

②将 1.7 mL 的 Ti(OBu)₄加入氧化石墨的甲醇溶液中,将0.5 mL氢氟酸滴入混合溶液中,得到的混合反应溶液转移到高压反应釜中,在 180 ℃反应 24 h,冷却到室温。

③经过多次洗涤、离心、干燥得到灰色的粉末为样品 TGS-1,系列样品的制备通过改变氧化石墨的含量得到,见表 6.7。

表 6.7   样品编号及对应的实验条件

样品	Ti(OBu)₄ /mL	氧化石墨 /mg	甲醇 /mL	氢氟酸 /mL	反应时间 /h	反应温度 /℃
TGCS-1	1.7	0.3	11	0.5	24	180
TGCS-2	1.7	0.5	11	0.5	24	180
TGCS-3	1.7	0.1	11	0.5	24	180

选择层数较少的氧化石墨作为石墨烯源,在 180 ℃条件下,经过 24 h 的溶剂热反应之后,样品 TGCS-1 中石墨烯片表面覆盖着大量的 TiO₂纳米粒子,如图 6.56(a)和(b)所示,通过局部观察发现 TiO₂纳米粒子尺寸较为均一,粒径为 20~25 nm,相对于溶剂热反应所得到的高活性的 TiO₂,复合体中 TiO₂纳米粒子的分散均匀性明显提高,TiO₂纳米粒子未发现有明显的团聚。另外,通过分析单一 TiO₂纳米粒子的 HRTEM 照片如图 6.56(c),(d)所示,能够清楚地观察到晶格条纹,通过测量晶面间距以及相

对应的傅里叶变换的图像,能够确定 TiO$_2$ 纳米粒子暴露的正面为 TiO$_2$
{001}高能面;而且通过表征粒子侧面的晶面间距能够确定 TiO$_2$ 为锐钛矿
相。值得注意的是,观察复合体中石墨烯的边缘会发现片层为两层,如图
6.56(e)所示,在溶剂热反应过程中,氢氟酸发挥着重要的作用,通过 F$^-$ 束
缚{001}高能面,促使暴露高能面 TiO$_2$ 的合成;而甲醇在溶剂热反应过程
中有利于 Ti(OBu)$_4$ 粒子与石墨烯的有效复合,同时甲醇也起到在还原反
应过程中有效还原氧化石墨的作用,最终,通过溶剂热反应成功地制备了
石墨烯-暴露{001}高能面 TiO$_2$ 复合材料。

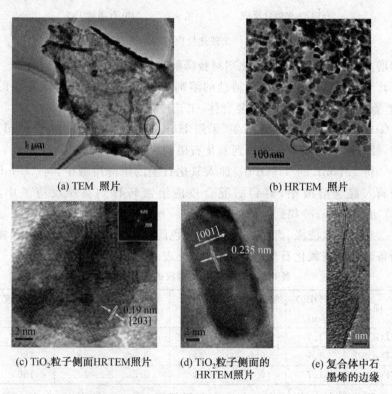

(a) TEM 照片　　　　　　　　　　(b) HRTEM 照片

(c) TiO$_2$ 粒子侧面 HRTEM 照片　　(d) TiO$_2$ 粒子侧面的　　(e) 复合体中石
　　　　　　　　　　　　　　　　　　HRTEM 照片　　　　墨烯的边缘

图 6.56　石墨烯-暴露{001}高能面 TiO$_2$ 复合材料(TGCS-1)微观结构照片

6.5.1　电子转移过程研究

TiO$_2$/石墨烯复合材料表面原子结构的 XPS 光谱如图 6.57 所示。在
图 6.57(a)中,氧化石墨的 C$_{1s}$ 峰出现了明显的双峰,氧化石墨在制备过程
中表面会形成大量含氧基团,例如羟基、羧基、环氧基和羰基等。其中 C$_{1s}$
的 287.3 eV 处峰对应于表面丰富的羟基和环氧基,这些峰是氧化石墨的

典型特征峰,但是,经过溶剂热反应之后,样品 TGCS-1 中的羟基和环氧基的峰明显减弱,表明甲醇辅助的溶剂热反应过程能够有效地去除表面含氧基团,实现氧化石墨的还原。值得注意的是,在图 6.57(b)中,高活性 TiO_2 在 458.8 eV 和 464.7 eV 的两个峰分别对应于 TiO_2 的 $Ti_{2p\,3/2}$ 和 $Ti_{2p\,1/2}$,然而,在样品 TGCS-1 中,这两个峰的峰位明显向高结合能方向移动,通常这种位移与 Ti 原子的化学环境改变有关,表明 TiO_2 和石墨烯之间可能存在强烈的相互作用,进而形成电子的传输通道,提高光生载流子的分离效率。另外,不同样品的 O_{1s} 的 XPS 峰也显示出不同的峰位,如图 6.57(c)所示。对应氧化石墨,O_{1s} 在 531.9 eV 处的峰对应于氧化石墨表面羟基中的氧原子;而高活性 TiO_2 的 O_{1s} 峰位于 529.9 eV 处,应视为 TiO_2 中的晶格氧;样品 TGCS-1 中吸附氧和晶格氧均存在,这些结果进一步证明了 Ti 和 C 之间的确存在着较强的相互作用。

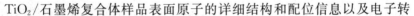

TiO_2/石墨烯复合体样品表面原子的详细结构和配位信息以及电子转

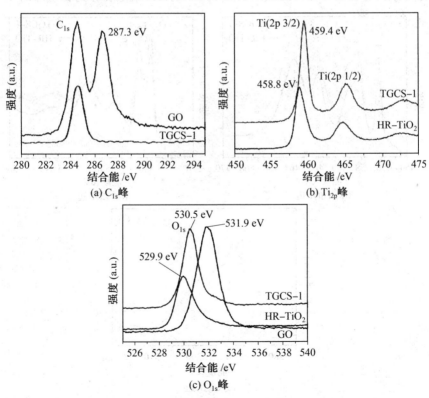

图 6.57 TiO_2/石墨烯复合材料的 XPS 谱图

移过程,可以通过 X 射线吸收光谱技术深入分析。X 射线吸收光谱技术对样品的探测要优于 XPS 技术,可以进一步明确电子在复合体内部转移的途径与方向。图 6.58 为样品的 X 射线吸收光谱,相对于 Ti 的 K 边,Ti 的 L 边主要揭示含 Ti 化合物的电子结构,对应电子由价带 Ti_{2p} 轨道跃迁到由 Ti_{3d},Ti_{4s} 轨道构成的导带。如图 6.58(a)所示,Ti 的 L 边由两个典型峰构成 L_3,L_2;能量范围为 $450\sim470$ eV,归因于轨道耦合能级分裂(2p 分裂成 $2p_{3/2}$ 和 $2p_{1/2}$):L_3 边进一步分裂成双峰,中心点位在 461 eV 处,观察到样品 TGCS-1 中的 t_{2g} 和 e_g 峰向高能方向移动,如图 6.58(a)所示,结果与 XPS 分析结果一致。而且,样品 TGCS-1 中的四个峰($454\sim468$ eV)的峰强相对高活性的 TiO_2 明显增强。峰位的移动是由中心原子化学状态的改变或氧空位的存在引起的,但是从图 6.58(b)中观察不到样品 TGCS-1 中 O 的 K 边的明显变化。这进一步表明样品 TGCS-1 中石墨烯与 TiO_2 之间存在电子转移的行为,电子由 TiO_2 中的 Ti_{3d} 轨道转移到石墨烯的 C_{2s}

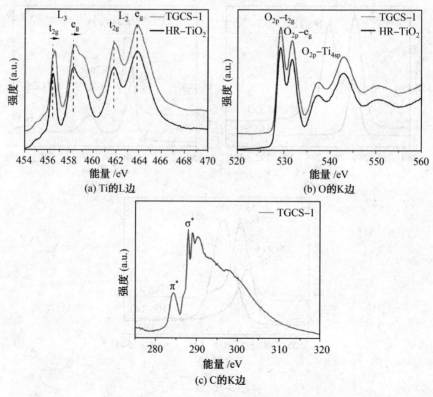

(a) Ti的L边

(b) O的K边

(c) C的K边

图 6.58　高活性 TiO_2 和 TGCS-1 的吸收谱

轨道,电子在复合体内部的传输有利于光生载流子分离效率的提高,同时贡献于复合体光催化性能的提高。样品 TGCS-1 中 C 的 K 边吸收谱如图 6.58(c)所示,在 285 eV 和 290～293 eV 出现两个明显的峰,分别对应于 $C_{1s} \to \pi^*$ 和 $C_{1s} \to \sigma^*$ 的电子传输。

　　表面光电压谱(表面光伏)技术利用光照前后半导体表面势垒的变化来获取材料表面态的相关信息,对于测试材料表面原子微环境和表面态的性质具有独特的优势。其中,稳态表面光电压谱能够有效地揭示光生载流子的分离和复合信息。瞬态表面光电压谱是对半导体中光生载流子的动力学行为进行探测的有效手段,它是激发光脉冲截止后相对于激发光脉冲不同时刻测得的光伏响应信号,能够反映激发态电子的运动过程,还能够提供相互作用与激发能的转移以及去激发的通道等重要信息,在研究原子、分子、半导体材料的激发态性质方面可以获得许多重要信息。图 6.59 为样品 TGCS-1、高活性 TiO₂ 和氧化石墨稳态表面光电压谱和瞬态表面光电压谱。图 6.59(a)中的高活性 TiO₂ 能够在 300～400 nm 处观察到明显的光伏响应信号,应该归因于 TiO₂ 半导体中电子由价带向导带的跃迁,值得注意的是样品 TGCS-1 的光伏响应信号相对于 TiO₂ 增强至 0.044 mV,如图 6.59(a)所示,强度约为 TiO₂ 的 10 倍。这些结果意味着 TiO₂ 被光激发时,光生电子将由 TiO₂ 传递到石墨烯,而空穴则留在 TiO₂ 中。电子在复合体内部的传递过程能够提高 TiO₂ 光生载流子的分离效率,光伏响应信号也会增强。图 6.59(b)是不同样品的瞬态表面光电压谱。与高活性 TiO₂ 样品相比较,样品 TGCS-1 显示出更长的光生载流子寿命,从而,证实了复合体中石墨烯的存在能促进光生载流子的有效分离、降低光生载流子复合的几率,显著提高光催化效率,同时也进一步证明了在 TiO₂ 的 Ti$_{3d}$ 轨

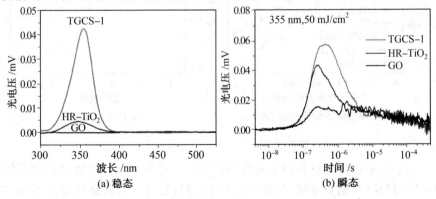

图 6.59　TGCS-1,高活性 TiO₂,氧化石墨的表面光电压谱

道和石墨烯 C_{2s} 轨道之间电子转移过程的存在。

6.5.2　光催化性能

选择亚甲基蓝作为目标降解物用于评价材料的光催化性能,以 P25 作为参照在同样条件下评价其光催化性能。降解亚甲基蓝的实验是在石英反应器中进行的,催化过程中选用 10 mg·L^{-1} 的亚甲基蓝水溶液 50 mL 和 0.01 g 催化剂。在紫外光下进行催化剂催化活性的测定,采用 40 W 的紫外灯管作为紫外光源,其波长可以根据需要选用 365 nm。同时,取等量的 P25 粉末在相同条件下测试其光催化效率。在进行光催化实验之前,包括催化剂和被降解物的溶液在暗处避光搅拌 1 h,为达到吸附-脱附平衡,吸附平衡之后的亚甲基蓝溶液浓度被视为初始浓度(C_0)。在紫外光下,所制备的系列样品与 P25 光催化性能评价结果如图 6.60 所示。结果表明,样品 TGCS-1 展现出最高的紫外光催化性能,在 60 min 内亚甲基蓝的降解率为 85.2%;相反,P25 在相同时间内亚甲基蓝的降解率约为 41%,高活性 TiO$_2$ 对亚甲基蓝的降解率约为 65.5%。另外,亚甲基蓝的降解实验被重复了六次,每次 60 min,每次循环实验后,样品 TGCS-1 经过过滤、干燥,然后置于新鲜的亚甲基蓝溶液中,催化剂在循环六次之后仍能够保持较高的催化活性,具有良好的稳定性。

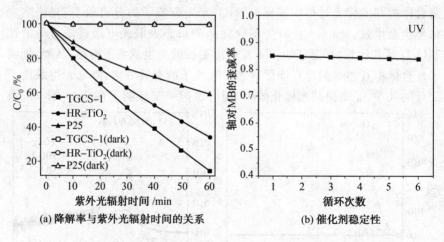

(a) 降解率与紫外光辐射时间的关系　　(b) 催化剂稳定性

图 6.60　紫外光下光催化对亚甲基蓝的降解效率评价

此外,采用吸光材料四苯基卟啉(TPP)上的氨基与石墨烯氧化物上的羧基接枝反应,制备卟啉-石墨烯功能化材料,复合材料的结构示意图如图 6.61 所示,其中卟啉作为电子给体,石墨烯作为电子受体,从而形成了分子内给体-受体(Donor-Acceptor)结构的卟啉-石墨烯杂化材料。紫外吸收和荧光测试表明,石墨烯与卟啉之间发生了明显的电子及能量转移,具有荧光增强效应,该杂化材料具有优异的非线性光学性质。

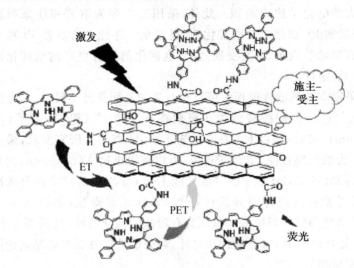

图 6.61 石墨烯-卟啉分子杂化材料

6.6 电催化材料

以碳基材料作为主要活性材料的能量转换和储存装置,如低温燃料电池和超大规模电容器的开发近年来备受关注。贵金属是低温燃料电池中重要的催化材料,但是大量地使用贵金属会极大地增加电池成本,从而,限制了低温燃料电池的实际应用。因此,开发可高效利用并能替代贵金属的材料和技术是这一领域发展的关键。目前,商用催化剂中的碳载体与贵金属催化剂间的相互作用较弱,导致在使用过程中贵金属粒子容易迁移、团聚和中毒,从而导致其活性快速衰减。石墨烯作为催化剂载体具有独特的优势:

①石墨烯上具有大的π键,使其与贵金属催化剂之间有较强的相互作用,从而可以有效地阻止贵金属粒子的迁移、聚集,从而提高催化剂的稳定性;

②石墨烯具有良好的导电性,使催化反应中的电子容易传导并使电池的内阻降低,进一步提高了电池的性能。

例如,在 $Ar-H_2$ 气氛下采用热处理的方法制备 Pt/石墨烯复合催化剂,研究表明,这种复合催化剂对甲醇的氧化反应具有良好的催化效果。以 NaBH$_4$ 为还原剂,采用同步还原金属盐和氧化石墨的方法制备 Pt/石墨烯复合催化剂。实验证明,这种方法制备的复合催化剂具有更好的电催化活性及更大的电化学比表面积。此外,采用乙二醇为溶剂和还原剂制备的 Pt/石墨烯和 Pt/碳纳米管电催化剂,通过化学还原的方法使 Pt 粒子均匀沉积在石墨烯的表面,研究发现,复合电催化剂具有更好的电催化活性及更优异的稳定性。

　　而采用有效的牺牲模板法可以在石墨烯表面获得小尺寸、高分散性的 Pd 粒子。首先,以柠檬酸钠为还原剂在石墨烯上沉积 Cu 粒子(直径为 30～40 nm),然后,再以 Cu 为还原剂还原 Pd 离子。研究发现,采用大尺寸的 Cu 为牺牲模板使 Pd 离子还原,可以获得小尺寸(2～3 nm)的具有高分散性的 Pd 粒子,Pd 粒子的分散性能不受 Cu 模板的尺寸和分散性的影响,在石墨烯表面制得的分散性好的 Pd 催化剂颗粒,如图 6.62 所示。Pd/石墨烯复合材料对甲酸电氧化具有较高的催化活性,其质量活性也很大,这与复合材料中 Pd 颗粒的小尺寸、高分散性以及石墨烯基底的优异导电性能密切相关。

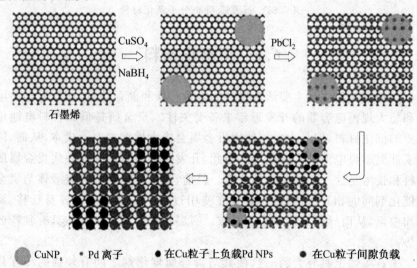

图 6.62　牺牲模板法制备 Pd/石墨烯复合材料的示意图

　　尽管一些研究发现与 Pt/C 相比,Pt/石墨烯复合材料对 CO 的氧化反应具有更好的催化效果,但是 Pt 催化剂容易中毒的本性仍然是制约催化剂催化效率进一步提高的瓶颈问题。WC 具有类铂、高稳定性、高抗 CO

中毒能力等特点，是良好的辅助催化材料。有研究者采用后负载方式在碳纳米管表面负载 WC(20nm)颗粒获得了 WC/碳纳米管复合材料，显著提高了 Pt 的抗 CO 中毒能力。基于离子交换树脂所具有的极性基团与多种金属离子的配位能力，同步引入 W 前驱体和金属催化剂前驱体，可实现 WC/石墨烯的原位同步合成。由于特殊的制备过程，WC 和石墨烯良好的界面接触有利于反应中的传质和电荷传导，同时，由于石墨烯的限域作用使得复合的 WC 颗粒较小，有利于其助催化作用的发挥，原位同步合成的 WC/石墨烯对贵金属催化剂的催化活性和稳定性有显著改善作用。理论计算表明，WC 与石墨烯之间的相互作用较强，有利于限制 WC 粒子的长大，以及提高其在载体上的分散性。实验结果发现，以石墨烯为载体材料，小尺寸(5 nm)的 WC 颗粒均匀地分散在石墨烯表面，Pt 优先生长在 WC 上，最终获得接触型 Pt/WC/石墨烯三元复合材料，有效地发挥了 WC 的助催化作用，大大地降低了贵金属的用量。合成的 Pt/WC/石墨烯三元复合材料，如图 6.63 所示，作为催化材料制备膜电极，并组装 H_2/空气燃料电池组，其功率密度最高达到 0.3 $W \cdot cm^{-2}$。

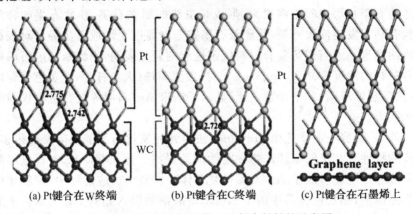

(a) Pt键合在W终端   (b) Pt键合在C终端   (c) Pt键合在石墨烯上

图 6.63   Pt/WC/石墨烯三元复合材料的示意图

6.7 抑菌材料

    石墨烯也可以被认为是一个展开的碳纳米管，虽然其与碳纳米管的结构相似，但石墨烯拥有更大的比表面积、更高的机械强度以及低廉的价格，从而具有更好的发展前景。同时，由于石墨烯具有特殊的电子和光学等性能，石墨烯负载后的复合材料很可能具有不同于以往碳基复合材料的性能和潜在的应用价值。为了更好的发挥石墨烯的这些特殊性能，贵金属纳米粒子(例如 Au,Ag)已被广泛用于修饰石墨烯,形成新型的石墨烯基复合材料。这些复合材料显示出广谱抗菌性能,在抗菌材料、生物材料等方面的应用极其广泛。

Ag 及其化合物作为一类抑菌材料已被广泛应用于日常生活中,而 Ag 纳米粒子作为 Ag 家族里的一种纳米抑菌材料则备受青睐。然而,Ag 纳米粒子容易团聚,在光照下的氧化容易导致其抑菌能力下降。通过简单的化学还原方法合成新颖的 Ag/石墨烯复合体抑菌剂,高质量的石墨烯片层结构作为碳基底材料能够有效地稳定表面负载的 Ag 纳米粒子,形成具有抑菌效果的复合结构。石墨烯不仅是一种新型的优良抑菌材料,而且对哺乳动物细胞的毒性也很小。石墨烯拥有理想的二维结构,能够作为潜在基底材料用于复合材料的制备,此外,将 Ag/石墨烯复合体应用于抑菌领域还能更好地发挥 Ag 和石墨烯的协同抑菌作用。

Ag/石墨烯复合体制备过程如下:首先,通过水合肼或浓氨水辅助的高温淬火膨胀石墨的方法,以及同步还原与剥离等手段可以得到低缺陷的石墨烯片。当可膨胀石墨被快速高温加热时,插层化合物热解产生的大量气体使石墨片层之间距离增大,形成蠕虫状的膨胀石墨,膨胀石墨的特殊结构有利于发生淬火开裂,使膨胀石墨完全剥离以至形成石墨烯。对表面修饰的纳米 Ag/石墨烯复合材料抗菌性能的研究表明,当纳米 Ag/石墨烯复合材料的浓度为 0.05 mg·mL^{-1}时,被测菌株(大肠杆菌、金黄色葡萄球菌、白色念球珠菌)几乎全被杀死,显示了纳米 Ag/石墨烯复合材料极强的抗菌能力。

此外,膨胀石墨法比由 Hummer 法得到的氧化石墨的缺陷要少得多,这样的特性有利于石墨烯产物导电性能的提高。通过将 Ag$^+$在石墨烯的表面被原位还原形成了 Ag/石墨烯复合体。在整个反应过程中,硼氢化钠作为还原剂,而反应体系中的十二烷基磺酸钠的引入则对 Ag 纳米粒子的尺寸控制,以及 Ag 纳米粒子分布的均匀性起到了非常重要的作用。反应初始溶液中 Ag$^+$在表面活性剂十二烷基磺酸钠的保护下,首先形成 Ag 纳米簇,再经过奥斯特瓦尔德热化过程形成 Ag 纳米粒子,最终得到的样品被命名为 AGC-1(复合体中石墨烯通过水合肼辅助的高温淬火方法得到)和 AGC-2(复合体中石墨烯通过浓氨水辅助的高温淬火方法得到)。Ag/石墨烯复合体的形貌结构和组成通过 TEM 和 SEM 技术进行表征。图6.64是 AGC-1 样品的典型 TEM 照片和 SEM 照片。

低分辨率的 TEM 照片表明石墨烯片层有轻微的褶皱,片层宽度为 8～10 μm,石墨烯片层表面均匀覆盖着大量的 Ag 纳米粒子,由于石墨烯

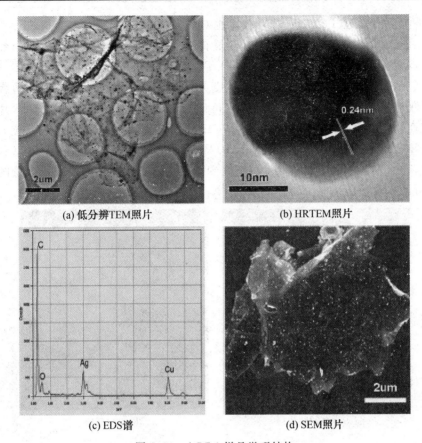

(a) 低分辨TEM照片   (b) HRTEM照片

(c) EDS谱   (d) SEM照片

图 6.64   AGC-1 样品微观结构

片层的存在明显抑制了 Ag 纳米粒子的聚集。通过 HRTEM 技术分析单个 Ag 纳米粒子的形貌与结构,在图 6.64(b)中 Ag 纳米粒子的直径约为 45 nm,并且能够清楚地观察到 Ag 纳米粒子的晶格条纹,通过测量发现 Ag 纳米粒子的晶面间距为 0.24 nm,该值与面心立方 Ag 的(111)晶面间距相对应。另外,样品 AGC-1 的 EDS 谱图如图 6.64(c)所示,表明样品 AGC-1 中包括 Ag,C 和 Cu 元素,Cu 元素来源于透射测试样品的基底材料——Cu 网。实验结果表明,通过简单的合成方法能够合成 Ag/石墨烯复合体,而且通过大量的 TEM 照片分析,发现 Ag 纳米粒子和石墨烯能够有效复合,没有观察到独立的、没有复合的 Ag 纳米粒子。利用 SEM 进一步表征样品的形貌,图 6.64(d)是样品 AGC-1 的 SEM 照片。由图 6.64(d)能够清晰地看出石墨烯的薄片表面上均匀地负载着大量的 Ag 纳米粒子,粒子的平均直径为 45 nm,与 TEM 分析结果一致。

此外,通过 TEM 和 SEM 技术也对样品 AGC-2 的形貌和结构进行了研究,结果如图 6.65 所示。选择硼氢化钠作为还原剂还原 Ag^+ 形成 Ag/石墨烯复合体,Ag/石墨烯复合体的 TEM 照片如图 6.65(a)所示。图中能够清楚地看到样品中石墨烯片宽度为 $8\sim10\ \mu m$,而且石墨烯片的边缘呈现略微的卷曲。从显微结构观察可以看出在样品 AGC-2 中,石墨烯片表面均匀地生长着许多直径约为 50 nm 的 Ag 纳米粒子,与 AGC-1 的 TEM 测试结果相似。从图 6.65(b)样品 AGC-2 的 SEM 照片中可以看出,样品AGC-2中的石墨烯片层宽度约为 $9\ \mu m$,表面均匀地负载着大量的 Ag 纳米粒子。

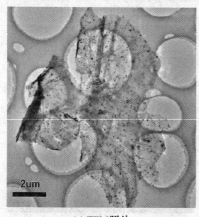 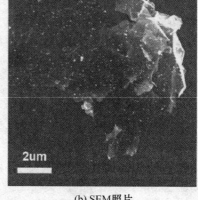

(a) TEM照片　　　　　　　　　　(b) SEM照片

图 6.65　样品 AGC-2 的微观结构照片

Ag 纳米粒子具有较强的抑菌和抗菌性能,石墨烯在抑菌方面的应用发展得也很快。例如,石墨烯纸对大肠杆菌的抑菌特性,其对大肠杆菌的抑制率超过 90%。进一步的实验结果表明,石墨烯的抗菌性能源于其对大肠杆菌细胞膜的破坏作用。Ag/石墨烯复合体的抑菌性能研究也通过考察其对典型的大肠杆菌的抑菌实验得到,以大肠杆菌作为实验菌种,通过测量抑菌圈的直径变化得出抑菌性能的评价结果,样品 AGC-1 的两个平行样对大肠杆菌的抑菌效果较好,测量抑菌圈直径分别为18.7 mm 和18.6 mm,表明样品 AGC-1 具有优异的抑菌性能。一些研究发现:Ag 纳米粒子可以与细胞壁中含硫的蛋白质,细胞质中含磷的化合物相互作用,从而影响细胞的呼吸和分裂功能,最终导致细菌的死亡。然而,Ag 纳米粒子的聚集可能显著降低其抑菌活性。在 Ag/石墨烯复合体中,石墨烯的存在能够有效地阻止 Ag 纳米粒子的聚集,维持较高的表面抑菌活性。

对样品 AGC-2 在同样实验条件下进行抑菌性能评价,将样品分散在水中考察纯水的抑菌性能,可以清楚地看到纯水是没有抑菌能力的,因此,在实验过程中可以忽略纯水对抑菌性能评价的影响。抑菌测试结果表明:样品 AGC-2 的两个平行样对大肠杆菌的抑菌效果较好,大肠杆菌的生长和繁殖明显得到了抑制,表明样品 AGC-2 具有优异的抑菌和抗菌性能。样品 AGC-1 和 AGC-2 抑菌性能的比较见表 6.7。从数据结果显示出它们对大肠杆菌的抑菌效果相近。此外,选择标准的抑菌剂链霉素用于对比样品的抑菌性能,实验结果表明链霉素的两个平行样均显示出良好的抑菌能力。通过测量可得链霉素的抑菌圈平均直径为 18.8 mm,Ag/石墨烯复合体的抑菌性能达到了链霉素的水平。Ag/石墨烯复合体较好的抑菌性能应该归因于其以下两方面的特性:

第一,高质量石墨烯的引入不仅使 Ag 纳米粒子的分散性能得到提高,同时也提高了 Ag 纳米粒子的光照稳定性;

第二,Ag 纳米粒子与石墨烯片层之间的协同作用也进一步提高了其抑菌能力。

表 6.7　样品 AGC-1 和 AGC-2 抑菌性能比较

	水	AGC-1	AGC-1	AGC-2	AGC-2
抑菌圈直径 (大肠杆菌)	0mm	18.7mm	18.6mm	18.9mm	18.4mm

此外,石墨烯还可以作为药物和催化剂的载体。碳材料在药物催化方面一直得到广泛应用,特别是石墨化后的碳材料,如石墨、CNTs、碳纳米纤维等已经作为催化剂的载体。石墨烯是新型的二维纳米材料,也是一种理想的催化剂负载模板。Mastalir 等首次将 Pd 纳米颗粒负载到氧化石墨烯上,该纳米复合物催化剂对液相中乙炔加氢反应有着很高的选择性和催化活性。

由于石墨烯理论比表面积很大,且碳材料具有良好的生物相容性,所以非常适合做药物载体,在生物和医学等领域也有很大发展。例如,用氧化石墨烯制备的多色荧光探针,可以同时非常灵敏地检测多种不同的基因。由于石墨烯的比表面积很大,可以用它来运输药物、治疗肿瘤和生物检测等,有望实现可控释放。Dai 等首次成功合成了聚乙二醇功能化的石墨烯,拥有良好的水溶性,能够在血浆等生理环境中稳定存在。随后其研究小组又首次将抗肿瘤药物喜树碱衍生物(SN38)负载到石墨烯上,将石墨烯的应用延伸到生物医药领域。正是因为石墨烯高的比表面积,使得其药物负载量远高于其他药物载体。此外,石墨烯良好的抗菌性能,还可用于制备医学绷带、食品包装,甚至抗菌 T 恤。

6.8　吸附材料

石墨烯比表面积大,对很多物质吸附性能好,包括重金属、气体、有机聚合物等,可以在空气污染、污水处理、以及地下水净化领域得到广泛的应用,同时石墨烯对气体的吸附性表明其在气体存储上的应用价值。利用剥离氧化石墨再用纳米金刚石转换得到的材料展现出较好的吸附性能:在 77 K 下该材料可以吸附 1.7% 的氢气,并且氢气吸附量可随表面积的改变呈线性变化。当压力达到 100 个大气压,298 K 时,吸附量甚至超过 3%,表明石墨烯具有更大的储氢量。

此外,石墨烯可以用来制作气敏元件,石墨烯能从周围环境吸收气体分子,不同气体对电子和空穴的影响可以影响试样的电导率,通过测定试样电导率的变化就可以判断周围环境中气体的分布情况。另外,使石墨烯负载一些金属颗粒,可以进一步提高传感器的性能。

石墨烯具有非常大的接触面积而且只有原子级厚度,通过化学功能化的石墨烯还具有分子闸极结构等特性。因此,石墨烯非常适合作为细菌探测器件。石墨烯基生物器件中较吸引人的是快速反应而且廉价的石墨烯基 DNA 测序器件。由于石墨烯层的原子级厚度(0.34 nm),石墨烯有希望突破纳米孔基单个分子 DNA 测序的瓶颈问题。另外,多功能性石墨烯基生物复合材料也被提出和制备,将在生物传感、纳米电子学、生物科技等多领域得到重要的应用。

石墨烯不仅可以用来开发制造出纸片般薄的超轻型飞机材料,制造出超坚韧的防弹衣,甚至能让科学家梦寐以求的 2.3 万英里长的太空电梯成为现实。

参考文献

[1]WONBONG CHOI，JO-WOO LEE. Graphene：Synthesis and Applications[M]. Boca Roten：CRC Press，2012.

[2]TOSHIAKI ENOKI，TSUNEVA ANDO. Physics and Chemistry of Graphene：Graphene to Nanographene[M]. Boca Roten：CRC Press，2014.

[3]HIDEO AOKI，MILDRED S，DRESSELHAUS. Physics of Graphene[M]. New York：Switzerland，Springer，2014.

[4]朱宏伟,徐志平,谢丹,等. 石墨烯——结构、制备方法与性能表征[M]. 北京:清华大学出版社,2011.

[5]杨全红,吕伟,杨永岗,等. 自由态二维碳原子晶体——单层石墨烯[J]. 新型碳材料,2008,23(2):97-103.

[6]杨旭羽,王贤宝,李静,等. 氧化石墨烯的结构还原及结构表征[J]. 高等学校化学学报,2012,33(9):1902-1907.

[7]黄海平,朱俊杰. 新型碳材料——石墨烯的制备及其在电化学中的应用[J]. 分析化学评述与进展,2011,39(7):963-971.

[8]马文石,周俊文,程顺喜. 石墨烯的制备与表征[J]. 高等化学工程学报,2010,24(4):719-722.

[9]柏嵩,沈小平. 石墨烯基无机纳米复合材料[J]. 化学进展,2011,22(11):2106-2118.

[10]杨勇辉,孙红娟,彭同江.石墨烯的氧化还原法制备及结构表征[J]. 无机化学学报,2010,26(11):2083-2090.

[11]黄毅,陈永胜. 石墨烯的功能化及其相关应用[J]. 中国科学(B辑):化学,2009,39(9):887-896.

[12]厉巧巧,韩文鹏,赵伟杰,等. 缺陷单层和双层石墨烯的拉曼光谱及其激发光能量色散关系[J]. 物理学报,2013,62(13):1-7.

[13]FENDLER J H. Chemical self-assembly for electroic applications[J]. Chem. Mater. , 2001, 13：3196-3210.

[14]MEYER J C, GEIM A K, KATSNELSON M I, et al. The structure of suspended graphene sheets[J]. Nature, 2007, 446(7131)：60-63.

[15]STOLYAROVA E, RIM K T, RYU S M, et al. High-resolution scanning tunneling microscopy imaging of mesoscopic sheets on an

insulating surface[J]. Natl. Acad. USA, 2007, 104 (22): 9209-9212.

[16]ZHU Z, SU D, WINDERG G. Supermolecular self-assembly of grapheme sheets: formation of tube-in-tube nanostructures [J]. NanoLett. , 2004, 4: 2255-2259.

[17]CHEN X,LENHERT S, HIRTZ M, et al. Langmuir-Blodgett patterning: a bottom-up way to bulid mesostructures over large areas [J]. Acc. Chem. Res. , 2007, 40: 393-401.

[18]BIAWAS S, DRZAL L T. A novel approach to create a highly ordered momolayer film of graphene nanosheets at the liquild-liquild interface[J]. Nano Lett. , 2009, 9: 167-172.

[19]BOWDEN N, ARIAS F, DENG T, et al. Self-assembly of microscale objects at a liquild-liquild interface through lateral capillary forces[J]. Langmuir, 2001, 17: 1757-1765.

[20]LIANG C, DAI S. Mesoporous carbon materials: synthesis and modification[J]. Angew CHEM. Int. Ed. , 2008, 47: 3696-3717.

[21]SEEMANN L, STEMMER A, Naujoks N. Local surface charges direct the deposition of cabon nanotubes and fullerences into nanoscale patterns[J]. Nano Lett. , 2007, 7: 3007-3012.

[22]NOVOSELOV K S, JIANG D, SCHEDIN F, et al. Two-dimensional atomic crystals[J]. Proc. Natl. Acad. Sci. USA, 2005, 102 (30): 10451-10453.

[23]BERGER C, SONG Z M, LI T B, et al. Ultrathin epitaxial graphite: 2D electron gas properties and a route toward graphene-based nano electronics[J]. J. Phys. Chem. B, 2004, 108 (52): 19912-19916.

[24]BERGER C,SONG Z M, LI T B, et al. Electron confinement and coherence in patterned epitaxial graphene[J]. Science, 2006, 312 (5777): 1191-1196.

[25]PAN Y, ZHANG H G, SHI D X, et al. Highly ordered, millimeter-scale, continuous, single-crystalline graphene monolayer formed on Ru(0001)[J]. Adv. Mater. , 2009, 21(27): 2777-2780.

[26]HIRATA M,GOTOU T, HORIUCHI S,et al. Thin-film particles of graphite oxide I: High-yield synthesis and flexibility of the parti-

cles[J]. Carbon, 2004, 42(14): 2929-2937.

[27]STANKOVICH S, PINER R D, CHEN X Q, et al. Stable aqueous dispersions of graphitic nanoplatelets via the reduction of exfoliated graphite oxide in the presence of poly(sodium 4-styrenesulfonate) [J]. Mater. Chem. , 2006, 16(2): 155-158.

[28]LI D, MULLER M B, GILJE S, et al. Processable aqueous dispersions of graphene nanosheets[J]. Nature Nanotech, 2008, 3(2): 101-105.

[29]NAKAJIMA T, MATSUO Y. Formation process and structure of graphite oxide[J]. Carbon, 1994, 32(3): 469-475.

[30]CHEN Q, CEHN T, PAN G B, et al. Structural selection of graphene supramolecular assembly oriented by molecular confirmation and alkyl chain[J]. Proc. Natl. Acad. Sci. U S A, 2008, 105: 16849-16854.

[31]KIM Y K, MIN D H. Duarble large-area thin films of graphene/carbon nanotube double layers as a transparent electrode[J]. Langmuir, 2009, 25(19): 11302-11306.

[32]LI Y, WU Y. Coassembly of grahene oxide and nanowires for large-area nanowire alignment[J]. J. Am. Chem. Soc. , 2009, 131: 5851-5857.

[33]CHEN Y, LU J, GAO Z. Structural and electronic study of nanoscrolls rolled up by a single graphene sheet[J]. J. Phys. Chem. C. , 2007, 111: 1625-1630.

[34]SAVOSKIN M V, MOCHALIN V N, YAROSHENKO A P, et al. carbon nanoscrolls produced from acceptor-type graphite intercalation compounds[J]. Carbon, 2007, 45: 2797-2800.

[35]PARK S, RUOFF R S. Chemical methods for the production of graphenes[J]. Nature Nanotech. , 2009, 4(4): 217-224.

[36]HUMMERS W. S. , OFFEMAN R. E. Preparation of graphitic oxide [J]. J. Am. Chem. Soc. , 1958, 80(6): 1339-1339.

[37]Xu Z, Buehler M J. Geometry controls conformation of graphene sheets: membranes, ribbons, and scrolls[J]. ACS Nano, 2010, 4(7):3869-3876.

[38]DATO A, RADMILOVIC V, LEE Z, et al. Substrate-free gas-phase

synthesis of graphene sheet[J]. Nano Lett. ,2008,8(7):2012-2016.

[39]TANG L H, WANG Y, LI Y M, et al. Preparation,structure, and electrochemical properties of reduced graphene sheet films[J]. Adv. Funct. Mater. , 2009, 19(17): 2782-2789.

[40]OSTING J B, HEERSCHE H B, LIU X L, et al. Gate-induced insulating state in bilayer graphene devices[J]. Nat. Mater. , 2008, 7 (2): 151-157.

[41]DIKIN D A, STANKOVICH S, ZIMNEY E J, et al. Preparation and characterization of graphene oxide paper[J]. Nature, 2007, 448 (7152): 457-460.

[42]STANKOVICH S, DIKIN D A, PINER R D, et al. Synthesis of graphene-based nanosheets via chemical reduction of exfoliated graphite oxide[J]. Carbon, 2007, 45(7): 1558-1565.

[43]Nethravathi C,Rajamathi M. Chemically modified graphene sheets produced by the solvothermal reduction of colloidal dispersions of graphite oxide[J]. Carbon, 2008, 46(14): 1994-1998.

[44]NAKAJIMA Y,MATSUO Y. Formation process and structure of graphite oxide[J]. Carbon, 1994,32(3):469-475.

[45]YU M F, YAKOBSON B I, RUOFF R S. Controlled sliding and pullout of nested shells in individual multiwalled carbon nanotubes [J]. Journal of Physical Chemistry B, 2000, 104 (37): 8764-8767.

[46]FUJITA M, WAKABAYASHI W A,NAKADA K,et al. Peculiar localized state at zigzag graphite edge[J]. Journal of the Physical Society of Japan, 1996, 65(7): 1920-1923.

[47]SHENOY V B,REDDY C D. Ramasubramaniam A. , et al. Edge-stress-induced warping of graphene sheets and nanoribbons [J]. Physical Review Letters, 2008, 101(24): 245501-245507.

[48]FAN X B,PENG W C, LI Y, et al. Deoxygenation of exfoliated graphite oxide under alkaline conditions: a green route to graphene preparation[J]. Adv. Mater. , 2008, 20(23): 4490-4493.

[49]WILLIAM G,SEGER B, KAMAT P V. TiO$_2$-graphene nanocomposites: UV-assisted photocatalytic reduction of graphene oxide[J]. ACS Nano, 2008, 2(7): 1487-1491.

[50]KOSYNKIN D V, HIGGINBOTHAM A L, Sinitskii A, et al. Lon-

gitudinal unzipping of carbon nanotubes to form graphene nanribbons[J]. Nature, 2009, 458(7240): 872-876.

[51]JIAO L Y, ZHANG L, WANG X R, et al. Narrowgraphene nanoribbons from carbon nanotubes[J]. Nature, 458(7240): 877-880.

[52]HERNANDEZ Y,NICOLOSI V, LOTYA M, et al. High-yield production of graphene by liquid-phase exfoliation of graphite[J]. Nature Nanotech. , 2008, 3(9):563-568.

[53]LI X L, ZHANG G Y,BAI X D, et al. Highly conducting graphene sheets and Langmuir-Blodgett films[J]. Nature Nanotech. , 2008,3 (9):538-542.

[54]RADER H. J. ,ROUHANIPOUR A. , TALARICO A. M. , et al. Processing of giant graphene molecules by soft-landing mass spectrometry[J]. Nature Mater. , 2006, 5(4): 276-280.

[55]YANG X. Y. ,DOU X. , ROUHANIPOUR A. , et al. Two-dimensional graphene nanoribbons[J]. J. Am. Chem. Soc. , 2008, 133 (13): 4216-4217.

[56]CAI J M, RUFFIEUX P, JAAFA R, et al. Atomically precise bottom-up fabrication of graphene nanoribbons[J]. Nature, 2010, 466 (7305): 470-473.

[57]CHOUCAIR M, THORDARSON P, STRIDE J A. Gram-scale production of graphene based on solvothermal synthesis and sonication [J]. Nature Nanotechnol. , 2009, 4(1): 30-33.

[58]BETS K,YAKOBSON B. Spontaneous twist and instrinsic instabilities of pristine graphene nanoribbons[J]. Nano Research, 2009, 2(2):161-166.

[59]BALL P. Material witness: carbon tailoring[J]. Nature Mater. , 2011, 10 (2):86-86.

[60]KOSKINEN P,MALOLA S, HAKKINEN H. Self-passivating edge reconstructions of graphene[J]. Physical Review Letters, 2008, 101 (11): 115502-115509.

[61]WIRTZ L,RUBIO A. The phonon dispersion of graphite revisited [J]. Solid State Communications, 2004, 131 (3-4): 141-152.

[62]MARIANI E, VON O F. Flexural phonons in free-standing graphene[J]. Physical Review Letters, 2008, 100(7): 076801-076807.

［63］MEYER J C,GEIM A K, KATSNELSON M I, et al. On the rough-ness of single- and bi-layer graphene memberanes［J］. Solid State Communications，2007，143(1-2):101-109.

［64］FALKOVSKY L A. Symmetry constrains on phonon dispersion in graphene［J］. J. Physics Letters A，2008，372 (31)：5189-5192.

［65］BALANDIN A A, GHOSH S, BAO W, et al. Superior thermal conductivity of individual multiwalled nanotubes［J］. Physical Review Letters, 2001, 87(21):215502-215508.

［66］POP E, MANN D, WANG Q, et al. Thermal conductance of an in-dividual single-wall carbon nanotube above room temperature［J］. Nano Letters，2005，6(1)：96-100.

［67］SEOL J H, JO I, MOORE A L, et al. Two-dimensional phonon transport in supported graphene［J］. Science, 2010, 328 (5975)：213-216.

［68］LINDSAY L,BROIDO D A, MINGO N. Flexural phonons and ther-mal transport in graphene［J］. Physical Review B, 2010, 82(11)：115427-115436.

［69］BOEHM V H P,CLAUSS A,FISCHER G O, et al. Thin Carbon leaves［J］. Z Naturforschg. ,1962,17:150-153.

［70］蒋保江. 石墨烯基复合材料的制备与性能研究［M］. 哈尔滨:黑龙江大学出版社,2014.

［71］FU C J, ZHAO G G, ZHANG H J, LI S. Evaluation and character-ization of reduced graphene oxide nanosheets as anode materials for lithium-ion batteries［J］. Int. J. Electrochem. Sci. , 2013, 8(5)：6269-6280.

［72］FU C J, ZHAO G G, ZHANG H J, LI S. A facile route to control-lable synthesis of Fe_3O_4/graphene composites and their application in lithiumion batteries［J］. Int. J. Electrochem. Sci. ,2014,9(1):46-60.

［73］苏鹏,郭慧林,彭三,等,氮掺杂石墨烯的制备及其超级电容性能［J］. 物理化学学报,2012,28(11):2745-2753.

［74］郭士雄,吕功煊. CdS/石墨烯复合材料的制备及其可见光催化分解水产氢性能［J］. 物理化学学报,2011,27(9):2178-2184.

［75］刘艳,牛卫芳,徐岚. 基于层层自组装技术制备石墨烯/多壁碳纳米管

共修饰的过氧化氢传感器的研究[J].分析化学,2011,39(11):1676-1681.

[76]陈仲欣,卢红斌.石墨烯/聚苯胺杂化超级电容器电极材料[J].高等学校化学学报,2013,34(9):2020-2033.

[77]李云霞,魏子栋,赵巧玲,等.石墨烯负载 Pt 催化剂的制备及催化氧还原性能[J].物理化学学报,2011,27(4):858-862.

[78]温祝亮,杨苏东,宋启军,等.石墨烯负载高活性 Pd 催化剂对乙醇的电催化氧化[J].物理化学学报,2010,26(6):1570-1574.

[79]高原,李艳,苏星光.基于石墨烯的光学生物传感器的研究进展[J].分析化学,2013,41(2):174-180.

[80]陈慧娟,朱建军,余萌.葡萄糖氧化酶在石墨烯-纳米氧化锌修饰玻碳电极上的直接电化学及对葡萄糖的生物传感[J].分析化学,2013,41(8):1243-1248.

[81] TARASCON C K, ARMAND M. Issue and challenges facing rechargeable lithium batteries[J]. Nature,2001,44: 359-366.

[82]CHAN C K, PENG H, LIU G,et al. High performance lithium battery anodes using silicon nanowires[J]. Nat. Nanotechnol. , 2008, 3: 31-38.

[83]LIAN P, LIANG S, ZHU X,et al. Large reversible capacity of high quality graphene sheets as an anode material for lithium-ion batteries [J]. Electrochim. Acta, 2011, 58: 81-89.

[84]YI T F, LIU H P, ZHU Y R,et al. Improving the high rate performance of $Li_4Ti_5O_{12}$ through divalent zinc substation[J]. J. Power Sources, 2012, 215: 258-265.

[85]NOVOSELOV K S, GEIM A K, MOROZOV S V,et al. Electric field effect in atomically thin carbon films[J]. Science, 2004, 306: 666-669.

[86]WEI D Y, YU J G, HUANG H,et al. A simple quenching method for preparing graphenes[J]. Mater. Lett. , 2012, 66: 150-156.

[87]PARK S, RUOFF R S. Chemical methods for the production of graphenes[J]. Nature Nanotechnology, 2009, 4(4): 217-224.

[88]KIM K,LEE Z,REGAN W,et al. Grain boundary mapping in polycrystalline graphene[J]. ACS nano,2011,5(3):2142-2146.

[89]CAI W, PINER R D,Stadermann F. J. , et al. Synthesis and solid-

state NMR structural characterization of 13C-labeled graphite oxide
[J]. Science, 2008, 321(5897): 1815-1817.

[90]SZABÓ T, BERKESI O, FORGÓ P, et al. Evolution of surface
functional groups in a series of progressively oxidized graphite oxides
[J]. Chemistry of Materials, 2006, 18(11): 2740-2749.

[91]WILLIAMS G, SEGER B, KAMAT P V. TiO_2-graphene nanocom-
posites UV-assisted photocatalytic reduction of graphene oxide[J].
ACS Nano, 2008, 2: 1487-1495.

[92]RAO C N R, BISWAS K, SUBRAHMANGAMA K S. Govindaraj
A. Graphene, the new nanocarbon[J]. Mater. Chem. , 2009, 19:
2457-2465.

[93]XU C, WANG X, ZHU J W. Graphene-metal particle nanocompos-
ites[J]. J. Phys. Chem. C, 2008, 112: 19841-19848.

[94]POIZOT P, LARUELLE S, GRUGEON S, et al. Nano-sized transi-
tion-metal oxides as negative-electrode materials for lithium-ion bat-
teries[J]. Nature, 2000, 407: 496-502.

[95]BOUESSAY I, ROUGIER A, TARASCON J M. Electrochemically
inactive nickel oxides as electrochromic materials[J]. J. Electrochem.
Soc. , 2004, 151: H145-H153.

[96]WANG X R, TABAKMAN S M, DAI H J. Atomic layer deposition
of metal oxides on pristine and functionalized graphene[J]. J. Am.
Chem. Soc. , 2008, 130: 8152-8160.

[97]LI J, KUDIN K N, MCALLISTER M J, et al. Oxygen-driven un-
zipping of graphitic materials[J]. Physical Review Letters, 2006, 96
(17): 176101-176104.

[98]PANDEY D, REIFENBERGER R, PINER R. Scanning probe mi-
croscopy study of exfoliated oxidized graphene sheets[J]. Surface
Science, 2008, 602(9): 1607-1613.

[99]XU Z, XUE K. Engineering graphene by oxidation: a first principle
study[J]. Nanotechnology, 2010, 21(4): 45704-45707.

[100]RYU S, HAN M Y, MAULTZSCH J, et al. Reversible basal
plane hydrogenation of graphene[J]. Nano Letters, 2008, 8(12):
4597-4602.

[101]ELIAS D C, NAIR R R, MOHIUDDIN T M G, et al. Control of

graphene's properties by reversible hydrogenation: Evidence for graphene[J]. Science, 2009, 323(5914): 610-613.

[102]KOTTEGODA I R M, HAYATI IDRIS N, LIU L,et al. Synthesis and characterization of graphene-nickel oxide nanostructures for fast charge-discharge application[J]. Electrochim. Acta, 2011, 56: 5815-5822.

[103]HE Y S, BAI D W, YANG X W,et al. A Co(OH)$_2$-graphene nanosheets composite as a high performance anode material for rechargeable lithium batteries[J]. Electrochem. Commun. , 2010, 12: 570-576.

[104]RUOFF R S, ZHU Y W, MURALI S,et al. Carbon-based supercapacitors produced by activation of graphene[J]. Science,2011, 332: 1537-1540.

[105]WANG Z Y, LUAN D Y, MADHAVI S,et al. α-Fe$_2$O$_3$ nanotubes with superior lithium storage capability[J]. Chem. Commun. , 2011, 47: 8061-8067.

[106]CHANDRA V, PARK J, CHUN Y,et al. Water-dispersible magnetite-reduced graphene oxide composites for arsenic removal[J]. ACS Nano, 2010, 4: 3979-3986.

[107]XUE K, XU Z. Strain effects on basal-plane hydrogenation of graphene: a first-principles study[J]. Applied Physics Letters, 2010, 96(6): 63103-63113.

[108]ROBINSON J T, BURGESS J S, JUNKERMERIER C E, et al. Properties of fluorinated graphene films[J]. Nano Letters, 2010, 10(8): 3001-3005.

[109]MARTINS T B, MIWA R H, DA SILVA A, et al. Electronics and transport properties of boron-doped graphene nanoribbons[J]. Physical Review Letters, 2007, 98(19): 196803-196810.

[110]CARR L D, LUSK M T. Defect engineering: graphene gets designer defects[J]. Nature Nanotechnology, 2010, 5(5): 316-317.

[111]GIOVANNETTI G, KHOMYAKOV P A, BROCKS G, et al. Doping graphene with metal contacts[J]. Physical Review Letters, 2008, 101(2): 026803-026810.

[112]XU Z, BUEHLER M J. Interface structure and mechanics between

graphene and metal substrates: a first-principle study[J]. Journal of Physics: Condensed Matter. , 2010, 22(48): 485301-485305.

[113]MEYER J C, KISIELOWSKI C, ERNI R, et al. Direct imaging of lattice atoms and topological defects in graphene membranes[J]. Nano Lett. , 2008, 8(11): 3582-3586.

[114]HERNANDEZ Y, NICOLOSI V, LOTYA M, et al. High-yield production of graphene by liquid-phase exfoliation of graphite[J]. Nature Nanotechnol. , 2008, 3(9): 563-568.

[115]SUENAGA K, KOSHINO M. Atom-by-atom spectroscopy at graphene edge[J]. Nature, 2010, 468(7327): 1088-1090.

[116]Wang B, Bocquet M L, Marchini S, et al. Chemical origin of a graphene moiré overlayer on ru(0001)[J]. Physical Chemistry Chemical Physica, 2008, 10 (24): 3530-3534.

[117] EMTSEV K V, SPECK F, SEYLLER T, et al. Interaction, growth, and ordering of epitaxial graphene on $SiC\{0001\}$ surfaces: a comparative photoelectron spectroscopy study [J]. Physical Review B. , 2008, 77(15): 155303-155310.

[118]LI B J, CAO H Q, SHAO J,et al. Superparamagnetic Fe_3O_4 nanocrystals@graphene composites for energy storage devices[J]. Mater. Chem. , 2011, 21: 5069-5076.

[119]WANG X Y, ZHOU X F, YAO K,et al. A SnO_2/graphene composite as a high stability electrode for lithium ion batteries[J]. Carbon, 2011, 49: 133-140.

[120]HUANG X D, ZHOU X F, QIAN K,et al. A magnetite nanocrystal/graphene composite as high performance anode for lithium-ion batteries[J]. J. Alloys Compd. , 2012, 54: 76-85.

[121]ZHOU J S, SONG H H, MA L L, et al. Magnetite/graphene nanosheet composites: interfacial interaction and its impact on the durable high-rate performance in lithium-ion batteries[J]. RCS Adv. , 2011, 1: 782-790.

[122]GRAAT P C, SOMERS M A J. Surface chemistry of materials deposition at atomic layer level[J]. Appl. Surf. Sci. , 1996 100/101: 36-42.

[123]COMBELLAS C, DELAMAR M, KANOUFI F,et al. Spontaneous

grafting of iron surfaces by reduction of aryldiazonium salts in acidic or neutral aqueous solution application to the protection of iron against corrosion[J]. Chem. Mater. , 2005, 17: 3968-3975.

[124]VEERAPANDIAN M, MIN-HO LEE, KRISHNAMOORTHY K, et al. Synthesis, characterization and electrochemical properties of functionalized graphene oxide[J]. Carbon, 2012, 50: 4228-4238.

[125]LIAN P C, ZHU X F, XIANG H F, et al. Enhanced cycling performance of Fe_3O_4-graphene nanocomposite as an anode material for lithium-ion batteries[J]. Electrochim. Acta, 2010, 56: 834-841.

[126]CHAN W, LI S, CHEN C, et al. Self-assembled and embedding of nanoparticles by the in situ reduced graphene for preparation of three-dimensional graphene/nanoparticles aerogel[J]. Adv. Mater. , 2011,23: 5679-5686.

[127]PISANA S, LAZZERIC M, CASIRAGHI C, et al. Breakdown of the adiabatic Born-Oppenheimer approximation in graphene[J]. Nat. Mater. , 2007, 6: 198-207.

[128]BEHERA S K. Enhanced rate performance and cyclic stability of Fe_3O_4 - graphene nanocomposites for Li ion battery anodes[J]. Chem. Commun. , 2011,47: 10371-10373.

[129]JIN S L, DENG H G, LONG D H, et al. Facile synthesis of hierarchically structured Fe_3O_4/carbon micro-flowers and their application to lithium-ion battery anodes[J]. J. Power Sources, 2011, 196: 3887-3896.

[130]CHAN Y, XIA H, LU L, et al. Synthesis of porous hollow Fe_3O_4 beads and their applications in lithium ion batteries[J]. Mater. Chem. , 2012, 22: 5006-5013.

[131]SU J, CAO M, REN L, et al. Fe_3O_4-graphene nanocomposites with improved lithium storage magnetism properties[J]. J. Phys Chem C, 2011, 115:14469-14477.

[132]TRARASCON J M, ARMAND M. Issues and challenges facing rechargeable lithium ion battery[J]. Nature, 2011, 44:359-367.

[133]WU Z S, REN W C, WEN L, et al. Graphene anchored with Co_3O_4 nanoparticles as anode of lithium ion batteries with enhanced re-

versible capacity and cyclic performance[J]. ACS Nano, 2010, 4: 3187-3194.

[134]SUTTER P W, FLEGE J I, SUTTER E A. Epitaxial graphene on ruthenium[J]. Nature Mater. , 2008, 7(5): 406-411.

[135]CORAUX J, NDIAYE A T, BUSSE C, et al. Structural coherency of graphene on Ir(111)[J]. Nano Lett. , 2008, 8(2): 565-570.

[136]YU Q K, LIAN J, SIRIPONGLERT S, et al. Graphene segregated on Ni surfaces and transferred to insulators[J]. Appl. Phys. Lett. , 2008, 93(11): 103-113.

[137]REINA A, JIA X T, HO J, et al. Large area, few-layer graphene films on arbitrary substrates by chemical vapor deposition[J]. Nano Lett. , 2009, 9(1): 30-35.

[138]KIM K. S, ZHAO Y, JANG H, et al. Large-scale pattern growth of graphene films for stretchable transparent electrodes[J]. Nature, 2009, 457 (7230): 707-710.

[139]SUN Z Z, YAN Z, YAO J, et al. Growth of graphene from solid carbon sources[J]. Nature, 2010, 468(7323): 549-552.

[140]LI X S, CAI W W, AN J H, et al. Large-area synthesis of high-quality and uniform graphene films on copper foils[J]. Science, 2009, 324(5932): 1312-1314.

[141]LI Z. , ZHU H, WANG K, et al. Ethanol flame synthesis of highly transparent carbon thin films[J]. Carbon, 2011, 49(1): 237-241.

[142] ANDO Y, ZHAO X, OHKOHCHI K. Production of petal-like graphite sheets by hydrogen arc discharge[J]. Carbon, 1997, 35 (1): 153-158.

[143] SUBRAHMANYAM K S, PANCHAKARLA L S, GOVINDARAJ A, et al. Simple method of preparating graphene flakes by an arc-discharge method[J]. Phys. Chem. C, 2009, 113(11): 4257-4259.

[144]POIZOT P, LARUELLE S, GRUGEON S, et al. Nanosized transition-metal oxides as negative electrode materials for lithium-ion batteries[J]. Nature, 2000, 407:496-499.

[145]CHAN C K, PENG H L, HU G, et al. Functionalized graphene

sheets for polymer composites[J]. Nat Nanotechnol,2008, 3:1587-1596.

[146]YAZAMI R, TOUZAIN P. A reversible graphite-lithium negative electrode for electrochemical generator[J]. J. Power Sources, 1983, 9: 365-371.

[147]NAGAURA K, TOZAWA K. Lithium-ion rechargeable battery [J]. Prog. Batteries Sol. Cells, 1990, 9: 209-217.

[148]ABOUIMRA ALI, OWEN C, COMPTON KHALIL AMINE, et al. Non-annealed graphene papers as a binder-free anode for lithium-ion batteries[J]. Phys. Chem. C, 2000, 114:12800-12804.

[149]YAMADA H, YAMATO T, MORIGUCHI I,et al. Interconnected macroporous TiO_2(anatase) as a lithium insertion electrode material[J]. Solid State Ionics, 2004, 175:195-200.

[150]MORIGUCHI I, HIDAKA R, YAMADA H,et al. A mesoporous nanocomposite of TiO_2 and carbon nanotubes as a high-rate Li-intercalation electrode material[J]. Adv Mater. , 2006, 18: 69-77.

[151]YAMADA H, KAZUKI T, KOMATSU M,et al. High power battery electrodes using nanoporous V_2O_5/carbon composites [J]. Phys. Chem. C, 2007, 111: 8397-8403.

[152]DERRIEN G, HASSOUN J, PANEROS S B. Nanostructured Sn - C composite as an advanced anode material in high-performance lithium-ion batteries[J]. Adv. Mater. , 2007, 19: 2336-2340.

[153]HASSOUN J, DERRIEN G, PANERO S,et al. A nanostructured Sn - C composite lithium battery electrode with unique stability and high electrochemical performance[J]. Adv. Mater. , 2008, 20: 3169-3176.

[154]YU Y, GU L, WANG C L. Encapsulation of Sn@carbon nanoparticles in bamboo-like hollow carbon nanofibers as an anode material in lithium-based batteries[J]. Angew Chem. Int. Ed. , 2009, 48: 6485-6489.

[155]LOU X W, LI C M, ARCHER L A. Designed synthesis of coaxial SnO_2@ carbon hollow nanospheres for highly reversible lithium storage[J]. Adv. Mater. , 2009, 21: 2536-2539.

[156]PARK M H, KIM K, KIM J,et al. Flexible dimensional control of

high-capacity Li-ion-battery anodes: from 0D hollow to 3D porous germanium nanoparticle assemblies[J]. Adv. Mater. , 2009, 22: 415-418.

[157]NOROSELO K S, GEIM A K, MOROZOV S V, et al. Electric field effect in atomically thin carbon films[J]. Science, 2004, 306: 666-669.

[158]CHEN D, JI G, MA Y, et al. Graphene-encapsulated hollow Fe_3O_4 nanoparticle aggregates as a high-performance anode material for lithium ion batteries[J]. Appl. Mater. Interfaces, 2011, 3: 3078-3083.

[159]ZHANG Y, TAN Y W, STORMER H L, et al. Experimental observation of the quantum hall effect and Berry's phase in graphene [J]. Nature, 2005, 438: 201-204.

[160]WANG H, CUI L, YANG Y, et al. Mn_3O_4-graphene hybrid as a high-capacity anode material for lithium ion batteries[J]. J. Am. Chem. Soc. , 2010, 132: 13978-13980.

[161]PARK S, RUOFF R S. Chemical methods for the production of graphenes[J]. Nat. Nanotechnol. , 2009, 4: 217-224.

[162]HUMMERS W S, OFFEMAN R E. Preparation of graphitic oxide [J]. J. Am. Chem. Soc. , 1958, 80: 1339-1339.

[163]WU J B, BECERRIL H A, BAO Z N, et al. Organic solar cells with solution-processed graphene transparent electrodes[J]. Appl. Phys. Lett. , 2008, 92(26): 263302-263309.

[164]WANG Y, CHEN X H, ZHONG Y L, et al. Large area, continuous, few-layered graphene as anodes in organic photovoltaic devices[J]. Appl. Phys. Lett. , 2009, 95(6): 063302-063310.

[165]SCHARBER M C, WUHLACHER D, KOPPE M, et al. Design rules for donors in bulk-heterojunction solar cells-towards 10% energy-conversion efficiency[J]. Adv. Mater, 2006, 18(6): 789-794.

[166]GENG J X, LIU L J, YANG S B, et al. A simple approach for preparing transparent conductive graphene films using the controlled chemical reduction of exfoliated graphene oxide in an aqueous suspension[J]. J. Phys. Chem. C, 2010, 114(34): 14433-14440.

［167］LI X M, ZHU H W, WANG K L, et al. Graphene-on-silicon schottky junction solar cells［J］. Adv. Mater. , 2010, 22 (25): 2743-2748.

［168］SZABO' T,SZAEI,A,DÉKÁNY I. Composite graphitic nanolayers prepared by self-assembly between finely dispersed graphite oxide and a cationic polymer［J］. Carbon, 2005, 43:87-94.

［169］NETHRARATHI C,RAJAMATHI J T. , RARISHANKAR N,et al. Graphite oxide-intercalated anionic clay and its decomposition to graphene-inorganic material nanocomposites,［J］. Langmuir, 2008, 24:8240-8244.

［170］BAGRI A, MATTEVI C, ACIK M,et al. Structural evolution during the reduction of chemically derived graphene oxide［J］. Nat. Chem. , 2010, 2: 581-585.

［171］DAVIES T J, MOORE R R, BANKS C E,et al. The cyclic voltammetric response of electrochemically heterogeneous surfaces［J］. Electroanal. Chem. , 2004, 574: 123-130.

［172］ROBINSON R S, STERNITZKE K, MCDERMOTT M T,et al. Morphology and electrochemical effects of defects on highly oriented pyrolytic graphite［J］. J. Electrochem. Soc. , 1991, 138: 2412-2420.

［173］WANG Z L, WU D, HUANG Y,et al. Facile, mild and fast thermal-decomposition reduction of graphene oxide in air and its application in high-performance lithium batteries［J］. Chem. Commun. , 2012, 48: 976-978.

［174］TONG X, WANG H, WANG G,et al. Controllable synthesis of graphene sheets with different numbers of layers and effect of the number of graphene layers on the specific capacity of anode material in lithium-ion batteries［J］. J. Solid State Chem. , 2011, 184: 982-989.

［175］GAO W, ALEMANY L B, CI L,et al. New insights into the structure and reduction of graphite oxide［J］. Nat. Chem. , 2009, 1: 403-408.

［176］WANG Y Y, NI Z H, YU T,et al. Single-walled carbon nanotubes and multiwalled carbon nanotubes functionalized with poly(L-lactic acid)：a comparative study[J]. J. Phys. Chem. C，2008，112：10637-10640.

[177]FERRARI A C，MEYER J C，SCARDACI V，et al. Condition for any realistic theory of quantum systems[J]. Phys. Rev. Lett.，2006，97：187401-187407.

[178]LIAN P，ZHU X，LIANG S，et al. Large reversible capacity of high quality graphene sheets as an anode material for lithium-ion batteries[J]. Electrochim Acta，2010，55：3909-3914.

[179]PANG S P，HERNANDEZ Y，FENG X L，et al. Graphene as transparent electrode material for organic electronics[J]. Advanced Materials，2011，23：2779-2795.

[180]STRAUSS E，ARDEL G，LIVSHITS V，et al. Lithium polymer electrolyte pyrite rechargeable battery：comparative characterization of natural pyrite from different sources as cathode material[J]. J. Power Sources，2000，88：206-218.

[181]黄东.石墨烯/环氧树脂复合材料的制备与性能研究[D].天津：天津大学,2010.

[182]杜宪.石墨烯的可控制备、后处理及其电化学电容性能研究[D].北京：北京化工大学,2013.

[183]金玉红.石墨烯及石墨烯基二元和三元纳米复合材料制备及其在超级电容器中的应用[D].北京：北京化工大学,2013.

[184]王力群.过渡金属（双）氢氧化物基电极材料制备及其超级电容器性能研究[D].兰州：兰州理工大学,2014.

[185]STANKOVICH S，DIKIN D A，DOMMETT G H B，et al. Graphene-based composite materials[J]. Nature，2006，442(7100)：282-286.

[186]RAFIEE M A，LU W，THOMAS A V，et al. Graphene nanoribbon composites[J]. ACS Nano，2010，4(12)：7415-7420.

[187]JIAO L，ZHANG L，WANG X，et al. Narrow graphene nanoribbons from carbon nanotubes[J]. Nature，2009，458(7240)：877-880.

[188] ELIAS A L，BOTELLO-MÉNDEZ A R，MENESES-RODRÍGUEZ D，et al. Longitudinal cutting of pure and doped carbon nanotubes to form graphitic nanoribbons using metal clus-

ters as nanoscalpels[J]. Nano Letters，2009，10(2)：366-372.

[189]KIM H，ABDALA A A，MACOSKO C W. Graphene/polymer nanocomposites[J]. Macromolecules，2010，43(16)：6515-6530.

[190]DAHN J R，ZHENG T，LIU Y，et al. Mechanism for lithium insertion in carbonaceous materials[J]. Science，1995，270：590-593.

[191]YANG S B，SONG H H，CHEN X H. Electrochemical performance of expanded mesocarbon microbeads as anode material for lithium-ion batteries[J]. Electrochem. Commun. ，2006，8：137-144.

[192]GIRAUDET J，DUBOIS M，INACIO J，et al. Electrochemical insertion of lithium ions into disordered carbons derived from reduced graphite fluoride[J]. Carbon，2003，41：453-460.

[193]孙峰,吕伟,杨全红. 石墨烯/氧化镍三明治复合材料的制备及电化学性能研究[C]. 长春：第十五次全国电化学会议,2009. 12.

[194]GEIM A K，NOVOSELOV K S. The rise of graphene[J]. Nature Mater. ，2007，6(3)：183-191.

[195]NOVOSELOV K S，GEIM A K，MOROZOV S V，et al. Two-dimensional gas of massless Dirac fermions in graphene[J]. Nature，2005，438(7065)：197-200.

[196]LIN Y M，DIMITRAKOPOULOS C，JENKINS K A，et al. 100-GHz transistors from wafer-scale epitaxial graphene[J]. Science，2010，327(5966)：622-622.

[197]SCHEDIN F，GEIM A K，MOROZOV S V，et al. Detection of individual gas molecules adsorbed on graphene[J]. Nature Materials，2007，6(9)：652-655.

[198]WU W，LIU Z H，JAUREGUI L A，et al. Wafer-scale synthesis of graphene by chemical vapor deposition and its application in hydrogen sensing[J]. Sensors and Actuators B，2010，150(1)：296-300.

[199]BLAKE P，BRIMICOMBE P D，NAIR R R，et al. Graphene-based liquid crystal device[J]. Nano Lett. ，2008，8(6)：1704-1708.

[200]PARK H，ROWEHL J A，KIM K K，et al. Doped graphene electrodes for organic solar cells [J]. Nanotechnology，2010，21：505204-505211.

[201]CHUANG K, LEE C H, YI G C. Transferable GaN layers grown on Zn-O-coated graphene layers for optoelectronic devices[J]. Science, 2010, 330(29): 655-657.

[202]JO G, CHOE M, CHO C Y, et al. Large-scale patterned multilayer graphene films as transparent conducting electrodes for GaN light-emitting diodes[J]. Nanotechnology, 2010, 21: 175201.

[203]ROBINSON J T, ZALALUTDINOV M, BALDWIN J W, et al. Wafter-scale reduced graphene oxide films for nanomechanical devices[J]. Nano Lett. , 2008, 8(10): 3441-3445.

[204]TRAUZETTEL B, BULAEV D V, LOSS D, et al. Spin qubits in graphene quantum dots[J]. Nature Physics, 2007, 3: 192-196.

[205]PONOMARENKO L A, SCHEDIN F, KATSNELSON M I, et al. Chaotic Dirac billiard in graphene quantum dots[J]. Science, 2008, 320(5874): 356-358.

[206]杨晓伟. 石墨烯基高性能电化学储能材料研究[D]. 上海: 上海交通大学, 2011.

[207]KASKHEDIKAR N A, MAIER J. Lithium storage in carbon nanostructures[J]. Adv. Mater. , 2009, 21(25-26): 2664-2680.

[208]DU Z, YIN X, ZHANG M, et al. In situ synthesis of SnO_2/graphene nanocomposites and their application as anode material for lithium ion battery[J]. Materials Letters, 2010, 64 (6): 2076-2079.

[209]ZHANG X Y, LI H P, CUI X L, et al. Graphene/TiO_2 nanocomposites: synthesis, characterization and application in hydrogen evolution from water photocatalytic splitting[J]. Journal of Materials Chemistry, 2010, 20(14): 2801-2806.

[210]LIU J, BAI H, WANG Y, et al. Self-assembling TiO_2 nanorods on large graphene oxide sheets at a two-phase interface and their anti-recombination in photocatalytic applications [J]. Advanced Functional Materials, 2010, 20 (23): 4175-4181.

[211]WANG X, ZHI L J, MULLEN K. Transparent, conductive graphene electrodes for dye-sensitized solar cells[J]. Nano Letters, 2008, 8 (1): 323-327.

[212]KIM S R, PARVEZ M K, CHHOWALLA M. UV-reduction of

graphene oxide and its application as an interfacial layer to reduce the back-transport reactions in dye-sensitized solar cells[J]. Chemical Physics Letters,2009, 483 (1-3): 124-127.

[213]YANG N L, ZHAI J, WANG D, et al. Two-dimensional graphene bridges enhanced photoinduced charge transport in dye-sensitized solar Cells[J]. ACS Nano, 2010, 4 (2): 887-894.

[214]SUN S R, GAO L, LIU Y Q. Enhanced dye-sensitized solar cell using graphene-TiO$_2$ photoanode prepared by heterogeneous coagulation[J]. Applied Physics Letters,2010, 96 (8): 083113-083120.

[215]FANG X L, LI M Y, GUO K M, et al. Improved properties of dye-sensitized solar cells by incorporation of graphene into the photoelectrodes[J]. Electrochimica Acta,2012, 65: 174-178.

[216]ZHU P N, NAIR A S, PENG S J, et al. Facile fabrication of TiO$_2$-graphene composite with enhanced photovoltaic and photocatalytic properties by electrospinning[J]. ACS Applied Materials & Interfaces,2012, 4 (2): 581-585.

[217]陈晨. 石墨烯复合材料的制备及其在光电转换中的应用[D]. 上海：上海交通大学,2013.

索 引